Wie aus der Zahl ein Zebra wird

Georg Glaeser

Wie aus der Zahl ein Zebra wird

Ein mathematisches Fotoshooting

Autor
Prof. Dr. Georg Glaeser
Institut für Kunst und Technologie/Geometrie
Universität für angewandte Kunst Wien
georg.glaeser@uni-ak.ac.at

Wichtiger Hinweis für den Benutzer
Der Verlag und der Autor haben alle Sorgfalt walten lassen, um vollständige und akkurate Informationen in diesem Buch zu publizieren. Der Verlag übernimmt weder Garantie noch die juristische Verantwortung oder irgendeine Haftung für die Nutzung dieser Informationen, für deren Wirtschaftlichkeit oder fehlerfreie Funktion für einen bestimmten Zweck. Der Verlag übernimmt keine Gewähr dafür, dass die beschriebenen Verfahren, Programme usw. frei von Schutzrechten Dritter sind. Die Wiedergabe von Gebrauchsnamen, Handelsnamen, Warenbezeichnungen usw. in diesem Buch berechtigt auch ohne besondere Kennzeichnung nicht zu der Annahme, dass solche Namen im Sinne der Warenzeichen- und Markenschutz-Gesetzgebung als frei zu betrachten wären und daher von jedermann benutzt werden dürften. Der Verlag hat sich bemüht, sämtliche Rechteinhaber von Abbildungen zu ermitteln. Sollte dem Verlag gegenüber dennoch der Nachweis der Rechtsinhaberschaft geführt werden, wird das branchenübliche Honorar gezahlt.

Bibliografische Information der Deutschen Nationalbibliothek
Die Deutsche Nationalbibliothek verzeichnet diese Publikation in der Deutschen Nationalbibliografie; detaillierte bibliografische Daten sind im Internet über http://dnb.d-nb.de abrufbar.

Springer ist ein Unternehmen von Springer Science+Business Media
springer.de

© Spektrum Akademischer Verlag Heidelberg 2011
Spektrum Akademischer Verlag ist ein Imprint von Springer

11 12 13 14 15   5 4 3 2 1

Das Werk einschließlich aller seiner Teile ist urheberrechtlich geschützt. Jede Verwertung außerhalb der engen Grenzen des Urheberrechtsgesetzes ist ohne Zustimmung des Verlages unzulässig und strafbar. Das gilt insbesondere für Vervielfältigungen, Übersetzungen, Mikroverfilmungen und die Einspeicherung und Verarbeitung in elektronischen Systemen.

Planung und Lektorat: Dr. Andreas Rüdinger, Bianca Alton
Herstellung und Satz: Autorensatz
Umschlaggestaltung: wsp design Werbeagentur GmbH, Heidelberg
Titelfotografie: Zebra © Georg Glaeser

ISBN 978-3-8274-2502-7

Vorwort

Vorwort

Wie jedes Buch hat auch dieses seine eigene „Geschichte". Nach vielen Jahren Lehr- und Forschungstätigkeit und einigen Büchern über Mathematik, Geometrie, Computergrafik und neuerdings auch Fotografie sollte es als Resultat der langjährigen Erfahrungen in relativ kurzer Zeit entstehen. Es schien doch sehr viel Material vorhanden zu sein, das „nur noch" in den Kontext eingebunden werden musste. Wie immer war es viel mehr Arbeit als gedacht, und ich muss mich bei meiner Frau Romana und meiner Tochter Sophie für das große Verständnis und die Unterstützung bedanken, die dafür notwendig waren.

Meine Mitarbeiter Franz Gruber und Peter Calvache halfen mir weit über das jemals einforderbare Maß. Ohne Grubers anspruchsvolle Computersimulationen (erstellt mit der Software Open Geometry, die „hausintern" entwickelt worden war) und Calvaches bemerkenswertem Gespür für ein ansprechendes Layout hätte das Buch einfach nicht so werden können, wie es nun vorliegt. Eine weitere große Stütze war Rudolf Waltl. Er hat viele Ideen (vor allem physikalischer Art) eingebracht, einige (zumeist technische) Fotos beigesteuert und auch ausgezeichnete Recherche betrieben.

In der Endphase mussten wegen der Bandbreite der Anwendungen externe Spezialisten konsultiert werden, so etwa der Physiker Georg Fuchs und die Biologen Axel Schmid und Roland Albert, bei denen ich mich für viele Anregungen und Hinweise bedanken möchte. Dazu kam immer wieder das nützliche und wichtige Feedback des Verlags (Andreas Rüdinger und Bianca Alton).

In den letzten Monaten vor der Fertigstellung entwickelte sich eine erstaunliche Eigendynamik, bei der gesammeltes Material und neue Erkenntnisse in einem steten Mischvorgang an die geeignete Position gebracht wurden – eine positive Spirale sozusagen. Nachdem im Buch u. a. von Schraubung bzw. Spiralung die Rede sein wird, soll gleich ein Objekt dargestellt werden, das im Wesentlichen aus zwei Schraubkörpern besteht (der äußere ist linksgewunden, der innere rechtsgewunden). Solche Objekte eignen sich gut zum Durchmischen oder

Durchkneten, und das musste oft genug passieren ...

Fast symbolisch für die letzte Phase könnte auch das Schlüpfen eines Insekts aus seiner Larve bzw. Puppe sein. Die Bilder zeigen oben die verlassene Chitinhülle einer Zikade, auf der schon alle Details zu erkennen sind, unten das fertige „Imago". Das eigentliche Insektenleben spielt sich – oft über viele Jahre – unsichtbar unter der Oberfläche ab. Das Imago ist also nur eines von mehreren Stadien und hauptsächlich für die Reproduktion der Spezies verantwortlich.

Der Titel des Buchs hat auch eine erwähnenswerte Entwicklung: Irgendwie sollten ja Begriffe wie Mathematik, Fotografie und Biologie in Einklang gebracht werden. Als knapp die Hälfte des Buchs beisammen war, hielt ich vor Studierenden der Universität für angewandte Kunst Wien (Abteilung Werbegrafik) eine Präsentation, wobei ich die Anwesenden bat, mir nachträglich Titelvorschläge zu machen. Das Echo war enorm und es kamen viele Vorschläge, die durchaus brauchbar waren. In einem internen Auswahlverfahren kam dann jener Titel heraus, der heute auf dem Umschlag steht.

Es ist natürlich nicht gleichgültig, ob man formuliert: „Wie aus der Zahl ein Zebra wird" oder aber „Wie aus dem Zebra eine Zahl wird". Die erste Variante ist die größere Herausforderung. Die Natur war klarerweise vor der Mathematik da. Andererseits spielen sich in der Natur ununterbrochen Prozesse ab, die wir heute als „mathematisch" bezeichnen. Dementsprechend lautete ein anderer Titelvorschlag „Überall Mathematik". Das Doppelseiten-Prinzip, das in diesem Buch konsequent eingehalten wird, hat den Vorteil, dass man sich in leicht verdaubaren Häppchen das eine oder andere Thema zu Gemüte führen kann. Querverweise, insbesondere aber Literaturangaben und ausgewählte Internet-Links sollen ggf. zur Vertiefung dienen.

Aber ab sofort soll es heißen: Viel Spaß beim Lesen!

Wien, im Juli 2010
Georg Glaeser

VIII Mathematik und Naturfotografie

Ich bin Mathematiker (mit Spezialgebiet Computergeometrie) und leidenschaftlicher Naturfotograf. Gibt es da einen echten Zusammenhang, oder muss man ihn an den Haaren herbeiziehen? Nun, wenn Sie dieses Buch durchgeblättert haben, werden Sie die Antwort, die ich hier gebe, nachvollziehen können: Es wimmelt in der Natur nur so vor Beispielen, die irgendwie mit Mathematik zu tun haben. Die Fotografie spielt eine wesentliche Rolle, dies zu erkennen.

In der Mathematik werden oft Formen der Natur modelliert, die eindeutig zuzuordnen sind. Das Kristallgitter eines Diamanten ist z. B. perfekt tetraedrisch. Allerdings ist das schwer fotografisch nachzuweisen. Einigermaßen geometrische Kristalle gibt's auch zuhauf, aber die sind, wenn zu sehen, nicht mehr so perfekt (Foto: Calcit-Kristalle, unter denen sich viele vierseitige Doppelpyramiden befinden).

In einem Vortrag habe ich einmal vereinfachend gesagt: Die Natur ist niemals perfekt, denn sonst gäbe es uns Menschen nicht. Das war eine Anspielung auf die Evolution und nicht etwa als Scherz gemeint (das Publikum sah es damals so).

Die Natur ist vielmehr pragmatisch und akzeptiert Lösungen, die sich durch Selektion oder zufällige Konstellation ergeben, wenn diese Lösung besser ist als eine vorher vorhandene. Sie ist gleichzeitig ununterbrochen bereit, neue Formen zu akzeptieren, die unter geänderten Umständen ein neues Optimum darstellen. Das gilt für die Entwicklung von Lebewesen genauso wie für die Ausbildung von Formen oder Mustern.

Das Computerzeitalter hat den Mathematikern ungeahnte Möglichkeiten eröffnet. Heute kann man Dinge visualisieren, die früher als unerreichbar galten. Insbe-

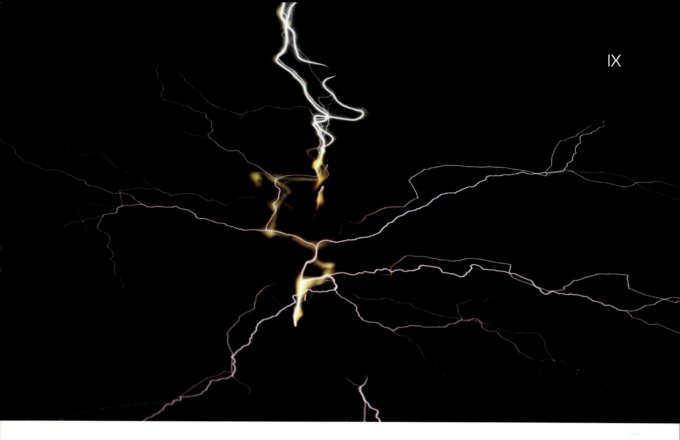

sondere kann man auch gezielt Vorgänge, die in der Natur stattfinden, simulieren. Hier erlaubt die computergestützte Mathematik das Experimentieren mit Parametern, und dies ist eine legitime, ja oft schlicht notwendige Methode geworden, schneller zu Ergebnissen zu gelangen.

Lösung eines Problems kann im konkreten Fall bedeuten: Begreifen, wie manche Vorgänge in der Natur vor sich gehen, welche Mechanismen ineinandergreifen und zusammenspielen. Bemerkenswert ist, dass einzelne Vorgänge lokal betrachtet eigentlich ganz einfach zu erklären sind, während sich die Komplexität und Vielfalt der Gesamterscheinung oft einer sofortigen Erklärung verschließt.

Dies mag bereits ein Teil des Erfolgsrezepts der Mathematik beim Versuch, die Natur zu verstehen, sein. In der Infinitesimalrechnung betrachtet man ja auch beliebig kleine Umgebungen, in denen diese oder jene Eigenschaft gilt. Durch „Integrieren" wird dann versucht, aufs Ganze zu schließen. Bei der Modellierung von dynamischen Prozessen kann jede auch noch so kleine Änderung im Kleinen das Gesamtergebnis maßgeblich beeinflussen. Niemand wird z. B. abstreiten, dass Wetterprognosen heute schon um ein Vielfaches besser geworden sind als noch vor wenigen Jahrzehnten. Dennoch sind zugegebenermaßen so viele Parameter im Spiel, dass es eben immer noch Ungenauigkeiten gibt.

Der Blitz oben hat wohl noch viel mehr Spielraum als Wolkenfelder, sich zu verästeln. Aber selbst hier arbeitet die Wissenschaft intensiv daran, das Phänomen zu verstehen. Ein erster Schritt dazu muss das präzise Erfassen des Phänomens sein, etwa mit Hochgeschwindigkeitskameras. Womit wir spätestens jetzt bei der Fotografie gelandet sind.

Diamant-Struktur **Diamantstruktur** http://de.wikipedia.org/wiki/Diamantstruktur
ORF **Blitzforschung** http://salzburg.orf.at/magazin/leben/stories/53864/

Inhaltsverzeichnis

Dieses Bild eines 6 mm kleinen Prachtkäfers Anthaxia nitidula passt gleich zu mehreren Themen: „Schillerfarben" (s. S. 150), „Einfach Wegblenden" (s. S. 242), „Phänomen Komplexauge" (s. S. 42), „Zehnerpotenzen im Tierreich" (s. S. 224) – man betrachte die zufällig mit aufgenommene 0,1 mm große weiße Milbe im roten Kreis, die, weil 50 Mal so klein, weniger als 1/100 000 des Käfers wiegt.

Vorwort V

Dieses Buch bietet eine fotografisch-mathematische Reise in das Reich der Natur mit ihren Phänomenen und den faszinierenden Resultaten der Evolution. Selbst ohne höhere Mathematik, aber mit geschärftem mathematischem Hausverstand und einem fantasievollen Herangehen an die Dinge kann man viele Dinge, die zunächst „einfach nur da sind", besser verstehen und u. U. Schlüsse daraus ziehen. Den Einleitungstext zu den Kapiteln finden Sie hier im Inhaltsverzeichnis. Das Bild links stellt Zellstrukturen in einem Blatt dar, die man mathematisch gut modellieren kann.

| Die positive Spirale .... VI | Mathematik und Naturfotografie ..... VIII |

1 Das Wechselspiel mit der Mathematik 1

Mathematik ist mehr als nur „Rechnen". Sie ist ein vom Menschen künstlich geschaffenes Konstrukt mit strengen Regeln, in der es nur „Schwarz oder Weiß" bzw. „wahr oder falsch" gibt. Die Natur scheint da ganz anders zu sein, und dennoch hat die Mathematik wie keine andere Wissenschaft die Fähigkeit, natürliche Prozesse zu modellieren und dabei zu tieferen Einsichten in diese Prozesse zu gelangen. Das Titelbild zeigt eine stehende Welle beim Abfluss eines Teichs. Sogar die Interferenzen der Wellen änderten sich dabei kaum, das Bild war „wiederholbar" und könnte bei bekannten Parametern vom Computer „nachvollzogen" werden.

Zebrastreifen und Zahlencodes	2	Das Schildkröten-Paradoxon	8	Seerosen-Vermehrung	14
Wie aus der Zahl ein Zebra wird	4	Herauslesen aus Fotos	10		
Die Henne und das Ei	6	Wiederholbarkeit von Versuchen	12		

2 Der mathematische Blick 17

Die womöglich Jahrtausende alte Felszeichnung wurde von den San (Ureinwohner des südlichen Afrikas) angefertigt und illustriert eine Jagd mit Pfeil und Bogen. Die beim Pfeilflug auftretenden Wurfparabeln wurden (und werden) von den San mit unglaublicher Präzision einkalkuliert, ohne jemals eine Berechnung durchgeführt zu haben. In diesem Kapitel sollen exemplarisch Themen angeschnitten werden, bei denen sich ein Mathematiker vielleicht mehr denkt als ein Nicht-Mathematiker. So geht es z. B. um vermeintliche, aber auch erklärbare Ähnlichkeiten.

Verblüffend ähnlich	18	Zonen mit lauter Rauten	26	Verschiedene Skalen	34
Assoziationen	20	Netze mit windschiefen Rauten	28	Die Kepler'sche Fassregel	36
Nicht nur zufällig ähnlich	22	Schiefe Parallelprojektionen	30		
Iterative Formfindung	24	Fibonacci und Wachstum	32		

3 Räumliches Sehen ... 39

In der Nahaufnahme eines hübschen Schmetterlings sind dunkle Punkte in den Komplexaugen zu sehen (Pseudopupillen), die von den Kristallprismen, die in jeder Facette eingebaut sind, erzeugt werden. Das Tier sieht auf kurze Distanzen ausgezeichnet dreidimensional. Warum das so ist, wie Stereo-Sehen und Vergleichbares funktioniert, aber auch sonst einige Regeln über perspektivisches und dreidimensionales Erfassen sind Thema dieses Kapitels. Man erkennt auch, dass wir recht leicht optisch verwirrt werden können, wenn gewisse Bedingungen erfüllt sind.

Tiefenwahrnehmung	40	Phänomen Linsenauge	46	Natürlicher Eindruck beim Foto	52
Phänomen Komplexauge	42	Zielgenauigkeit durch Antennen	48	Quader oder Pyramidenstumpf?	54
Entfernungstabellen	44	Im Schnitt der Sehstrahlen	50	Impossibles	56

4 Astronomisches Sehen ... 59

Der Blick ins Weltall war immer schon ein menschlicher Traum. Wir müssen uns hier auf unsere Sonne, unseren Mond und das eine oder andere markante Sternbild begrenzen. Viele Phänomene, die mit den Gestirnen zusammenhängen, erwecken das Interesse des Mathematikers. Ein recht einfacher geometrischer Satz über den rechten Winkel gibt uns z. B. Auskunft über durchaus nicht-triviale Fragen zum exakten Frühlingsbeginn bzw. der vermeintlich falschen Mondneigung. Letztere ist auch in dem abgebildeten mittelalterlichen Fresco der St. Laurentzkirche in Požega (Kroatien) „verewigt".

Phänomen Sonnenuntergang	60	Der Skarabäus und die Sonne	68	Die Sonne im Zenit	76
Phänomen Sonnenfinsternis	62	Satz vom rechten Winkel	70	Der südliche Sternenhimmel	78
Wenn die Sonne tief steht	64	Wann beginnt der Frühling?	72		
Fata Morgana	66	Die „falsche" Mondneigung	74		

5 Schraubung und Spiralung ... 81

Noch bevor wir verschiedene Typen von Kurven und Flächen betrachten, wollen wir die Schraubung und Spiralung unter die Lupe nehmen. Erstere spielt in vielen technischen Anwendungen eine zentrale Rolle (als Symbol dafür ist ein Schraubengewinde samt Schraubenmutter abgebildet). Die Spiralung ist in der Kunst, vor allem aber in der Natur omnipräsent und besonders schön bei Schneckenhäusern, Muscheln (Foto links) und Tierhörnern manifestiert. Hier spielen exponentielles oder lineares Wachstum und Rotation zusammen.

Wendelflächen	82	Faszination Spirale	86	Helispiralen	90
Schub oder Hub?	84	Durch Spiegelung zum König	88		

6 Spezielle Kurven 93

Kurven wie z. B. die Kettenlinie können in einer Ebene liegen oder auch „echte Raumkurven" sein, wie der abgebildete Trieb einer Kletterpflanze, welche – ganz untypisch für unsere Vorstellung von Pflanzen – durch Drehen und Wippen versucht, ihre räumliche Umgebung zu erfassen und irgendwo Halt zu finden. Die Kegelschnitte sind zu Recht die berühmtesten Kurven: Sie finden sich in der Natur zuhauf (die Bahnen der Planeten sind Ellipsen, die Wurfbahnen von Objekten sind Parabeln, Schatten und perspektivische Bilder von Kreisen sind oft Hyperbeln).

Die Kettenlinie	94	Faszination Parabel	98	Umriss-Spitzen	102
Invarianz bei Zentralprojektion	96	Knoten	100	Geodätische Geschenke	104

7 Besondere Flächen 107

Noch viel größer als die Vielfalt der Kurven ist jene der gekrümmten Flächen. Die Kugel übt wegen ihrer unendlichfachen Symmetrie große Faszination auf uns aus. Ihre Oberfläche ist doppelt gekrümmt und damit nicht ohne Dehnungen und Stauchungen in die Ebene auszubreiten. Jene Flächenteile, welche bei der abgebildeten Lampe in Summe eine Kugel annähern, entstehen durch Verbiegen von ebenen rautenförmigen Streifen und sind damit nur einfach gekrümmt. Oberflächen, die sich in einem Spannungsgleichgewicht befinden, sind (doppelt gekrümmte) Minimalflächen.

Faszination Kugel	108	Biegsam und vielseitig	114	Minimierte Oberflächenspannung	120
Der Umriss einer Kugel	110	Aufwicklungen	116	Minimalflächen	122
Krumme Flächen annähern	112	Stabil und einfach zu bauen	118	Seifenblasen	124

8 Spiegelung und Brechung 127

Spiegelung und Brechung gehören eng zusammen: Wenn z. B. die Sonne an der Wasseroberfläche reflektiert, gelangt – je nach Einfallswinkel – ein Teil des Lichts in das Wasser. Die Umkehrung ist nicht mehr so selbstverständlich: Flach von unten auf die Wasseroberfläche treffendes Licht wird zur Gänze reflektiert. Der winzige Gecko auf der Glasscheibe erscheint doppelt reflektiert: einmal an der Oberseite der Scheibe, das andere Mal auf der Rückseite. Die dazwischen stattgefundene doppelte Brechung an der Vorderseite „hebt sich auf".

Kugel-Spiegelung	128	Das optische Prisma	140	Fischaugenperspektive	152
Spiegelsymmetrie	130	Die Theorie zum Regenbogen	142	Die Bildanhebung	154
Spiegelung	132	Am Fuß des Regenbogens	144	Totalreflexion und Bildanhebung	156
Das Pentaprisma	134	Über den Wolken ...	146	Einmal Fischauge und zurück!	158
Der Billard - Effekt	136	Spektralfarben unter Wasser	148		
Schalldämmende Pyramiden	138	Farbpigmente oder Schillerfarben?	150		

9 Verteilungsprobleme ... 161

Sehr oft tritt das Problem auf, möglichst viele Elemente auf möglichst kleinem Raum sinnvoll so zu verteilen. Die jungen Nilkrokodile am Bild sollen symbolisch dieses Problem veranschaulichen. Da ist etwa die vermeintlich einfache Frage, wie man eine vorgegebene Anzahl von Punkten auf einer Kugel verteilt. In der Natur will z. B. ein Seeigel seine Stacheln optimal auf seiner Kalkhülle verteilen. Hier gibt es mathematisch-physikalische Algorithmen, die das Problem durch Simulation von Abstoßung der einzelnen Teilchen hervorragend bewältigen.

Gleichverteilung auf Flächen	162	Stachelige Gleichverteilung	170	Artefakte am Bildschirm	178
Tautropfenverteilung	164	Oberflächen unter Zugzwang	172	Gewichtsschwankungen	180
Berührungsprobleme	166	Nicht ungefährlich	174		
Eine platonische Lösung	168	Druckverteilung	176		

10 Einfache physikalische Phänomene ... 183

Mathematik und Physik haben in vielen Teilen Überlappungen. Die Fragen, auf welchem Anlauf ein Schispringer zum besten Sprung ansetzt oder wie weit sich ein Motorrad in die Kurve legen muss, gehören zweifellos in so eine Nische. Schon deutlich physikalischer ist die Frage, warum Tiere wie die abgebildeten Enten oder aber Flugzeuge fliegen können oder welche Wellenformationen bei bewegten Erregerquellen entstehen.

Die Newton'schen Axiome	184	Das aerodynamische Paradoxon	192	Interferenzen	200
Rückstoß und Saugwirkung	186	Der schnellste Weg	194	Doppler-Effekt und Mach-Kegel	202
Selektive Farbauslöschung	188	Extreme Kurvenlage	196	Schallwellen auf seltsamen Wegen	204
Relativgeschwindigkeiten	190	Mathematisches über Bienen	198		

11 Zellenanordnungen ... 207

Wenn ein Mathematiker die Anordnung der Schuppen auf einem Reptil wie dem abgebildeten jungen Nilkrokodil betrachtet, assoziiert er damit sofort sogenannte Voronoi-Diagramme. Inwieweit hier ein Zusammenhang besteht und ob womöglich auch das Stützgerüst in Libellenflügeln oder Blättern von Grünpflanzen oder gar die Risse in trocknendem Schlamm solche Strukturen enthalten, sind Themen dieses Kapitels, ebenso warum man auf Gänseblümchen, Sonnenblumen oder Pinienzapfen Spiralen zu erkennen glaubt.

Vermehrung der Gänseblümchen	208	Voronoi-Diagramme	214	Fraktale Kugelpackungen	220
Spiralen oder keine Spiralen?	210	Iterierte Voronoi-Strukturen	216		
Berechnende Rotation	212	Wickelkurven	218		

12 Wie im Kleinen, so nicht im Großen ... 223

Dieses Kapitel widmet sich der spannenden Frage, warum Dinge, die man im Großen beobachtet, in der Welt der Kleinstlebewesen ganz anders sind (die beiden Fotos eines Elefanten und einer Ameise sind stellvertretend dafür zu sehen). So scheint bei den Insekten die Schwerkraft kaum eine Rolle zu spielen, die Tiere scheinen verhältnismäßig viel mehr Kraft zu besitzen und können fast alle fliegen. Dafür gibt es eine ganz einleuchtende mathematische Erklärung: Bei ähnlichen Objekten ist das Verhältnis von Oberfläche zu Volumen von der absoluten Größe abhängig.

Zehnerpotenzen im Tierreich	224	Riesige Elefantenohren	234	Fluide	244
150 Millionen Jahre unverändert	226	Schwimmende Münzen	236	Bruchteile einer Millisekunde	246
Legendäre Kraft	228	Modell und Realität	238	Biegsame Strohhalme	248
Wo bleibt die Erdanziehung?	230	Skalenunabhängige Schärfentiefe	240		
Fäden aus Eiweiß	232	Einfach wegblenden ...	242		

13 Baumstrukturen und Fraktale ... 251

Verästelungen wie bei Bäumen (im Bild eine Schirmakazie) und Flüssen treten auch bei kleinen Gebilden wie Korallen oder Wurzeln kleiner Pflanzen auf. Oft ist die Auflösung eines klaren Umrisses so weit fortgeschritten, dass wir von einem Fraktal sprechen. Wolkenfelder, Farne, Schichtenlinien von Landschaften (insbesondere auch Umrisse von Inseln) sind typische Beispiele. Weil sich die Computergrafik naturgemäß viel mit Baumstrukturen und rekursiven Algorithmen beschäftigt, gibt es hier eine besonders schöne Überschneidung mit Strukturen aus der Natur.

Die Summe der Querschnitte	252	Fraktale Konturen	258	Fraktale Ausbreitung	264
Wirrwarr mit System?	254	Fraktale Pyramiden	260	Schichtenlinien	266
Verästelungen	256	Mathematische Farne	262	Vom Oktaeder zur Schneeflocke	268

14 Gezielte Bewegungen ... 271

Wie können und sollen sich die winzigen Raupen auf einem Blatt bewegen, damit sie in möglichst großer Anzahl möglichst rationell ein Blatt in ihren Mägen verschwinden lassen können? Kann ein Affe seinen Sprung von einem Baum auf den anderen nach dem Absprung noch beeinflussen? Solchen Überlegungen stehen viele schöne Anwendungen aus der sogenannten Kinematik (Geometrie der Bewegung) gegenüber, von denen einige in diesem Kapitel erörtert werden.

Unrunde Zahnräder	272	Lissajous-Figuren	278	Mit Keule und Kavitation	284
Die Übersetzung ist entscheidend	274	Leichtfüßigkeit und Reaktionszeit	280	Flugakrobatik	286
Robust und effizient	276	Die Wurfparabel	282		

1 Das Wechselspiel mit der Mathematik

Zebrastreifen und Zahlencodes

Mathematik ist eine sehr strenge Wissenschaft und wohl die einzige, in der nur „wahr oder falsch", „0 oder 1" gilt (umgangssprachlich „schwarz oder weiß"). Wenn die Aussage „alle Panther sind schwarz" nicht gilt, dann heißt das natürlich nicht „alle Panther sind weiß", sondern: „Nicht alle Panther sind schwarz". Im übrigen sind Panther beim genauen Hinsehen ohnehin gefleckt, lediglich der üblicherweise gelbe Hintergrund ist fast schwarz. Die Biologen sagen, dass das Zebra wohl aus mehreren Gründen gestreift ist: Tarnung, Irritation der Tse-Tse-Fliege, bessere Wärmeregulierung, aber auch Wiedererkennung von Artgenossen.

Ein Naturwissenschaftler wird dazu wiederholbare Versuchsreihen machen, die statistisch belegen, dass große Raubtiere oder Tse-Tse-Fliegen vom Streifenmuster verwirrt werden oder dass die Oberflächentemperatur eines nicht gestreiften Tiers bei intensiver Sonnenbestrahlung höher ist als die eines Zebras. Solche „Beweise" haben oft einen erwünschten Nebeneffekt in der Bionik, und man kann neue Technologien entwickeln. Die Naturwissenschaften verwenden mathematische Methoden mit großem Erfolg. Meist ist es „angewandte Mathematik" oder speziell Statistik (manche Aussagen lassen sich nur statistisch „beweisen"). Die Altersbestimmung einer Mumie mit der Radio-Carbon-Methode mag als typisches Beispiel genannt werden: Für den Mathematiker ein klassisches Beispiel für exponentielle Abnahme eines „y-Werts", bei dem auch das „Gesetz der großen Zahlen" schlagend wird: Niemand kann voraussagen, wann ein bestimmtes ^{14}C-Atom zerfällt, aber bei Abermilliarden von Kandidaten stellt man fest, dass in Summe die Abgabe proportional zu der Anzahl der vorhandenen Atome ist.

Reine Mathematiker stehen statistischen Beweisen skeptisch gegenüber. Dass ein Stein, wenn man ihn fallen lässt, in Richtung Erdmittelpunkt fällt, ist noch nie widerlegt worden, aber es fehlt der exakte Beweis, den der Mathematiker verlangt. Hingegen kann ein Zahlentheoretiker rasch erklären, warum es für eine Zikade mit einem mehrjährigen Entwicklungszyklus besser ist, wenn die Anzahl der Jahre eine Primzahl (z. B. wie tatsächlich bei manchen Arten 17 Jahre) ist. Potentielle Fressfeinde mit kürzeren Zyklen können sich dann nicht auf das in diesen Zikaden-Jahren vorhandene Überan-

gebot an Nahrung einstellen, weil oft viele Räuber-Generationen vergehen, bis es wieder zu einem Aufeinandertreffen von Räuber und Zikade kommt.

Zebras haben stets individuell verschiedene Muster. Die Aneinanderreihung von schwarzen Balken auf weißem Hintergrund ist von der Mathematik genau durchforstet worden. Schließlich sind alle Waren in den Supermärkten mit einem solchen individuellen Muster gekennzeichnet, das einer 13-stelligen Zahl entspricht – dem EAN-Strichcode. Jeder Ziffer entspricht ein genormtes Muster, und damit lassen sich nahezu unbegrenzt viele Muster erzeugen. Der Code wird von einem Laser-Scanner eingelesen. Unser erst einen Tag altes Zebra-Baby erkennt die Mutter nicht nur am Geruch, sondern auch – statistisch nachweisbar – an ihrem Muster. So nahe liegen Mathematik und Natur beisammen, obwohl es vielleicht gar nicht die Absicht der Mathematiker war, sich ausschließlich an der Natur zu orientieren!

Kein Wunder, wenn man als Mathematiker die Fotokamera zur Hand nimmt und Dinge fotografiert, von denen man insgeheim hofft, dass sie sich mathematisch gut erklären lassen – auch wenn man im Moment nicht immer die Lösung weiß.

In diesem Buch ist dies hundertfach geschehen. Damit soll das Wechselspiel zwischen Mathematik und den Naturwissenschaften, zwischen Zahl und Zebra, „belichtet" werden.

 WIKIPEDIA **European Article Number** http://de.wikipedia.org/wiki/European_Article_Number
C. ROHDE, C. SURULESCU **Mathematische Modellierung und Analyse von biologischen Prozessen**
http://preprints.ians.uni-stuttgart.de/downloads/2008/2008-003.pdf

Wie aus der Zahl ein Zebra wird

Lassen wir uns einmal auf folgendes mathematisches Modell ein: Wir wählen ein Raster von meinetwegen 500 x 500 Punkten und malen willkürlich eine Anzahl von Pixeln schwarz („Pixel" steht für Picture-Element, also ein kleines Quadrat im Raster). Jetzt wandern wir unser Raster systematisch, also Pixel für Pixel, ab (im Bild rechts ist jeweils ein solches Testpixel rot markiert). Um das Testpixel denken wir uns zwei (ellipsen- oder kreisförmige) Ringe, wobei der äußere (orange) in etwa doppelt so groß sein soll wie der innere (grüne). Nun beginnt ein simpler Zählvorgang: Wir zählen jene schwarzen Pixel, die sich in jener Fläche befinden, die von innerem und äußerem Ring begrenzt wird (orange markiert, Anzahl n) und jene schwarzen, die in der kleineren Fläche liegen (grün markiert, Anzahl m). Ist nun z. B. $n > 3 \cdot m$ (oder $n - 3 \cdot m > 0$), wird das Testpixel temporär schwarz. Nachdem man alle Pixel durchtestet, hat sich das Muster verändert. Wiederholt man den Vorgang, entsteht ein neues Bild, aber siehe da: Das

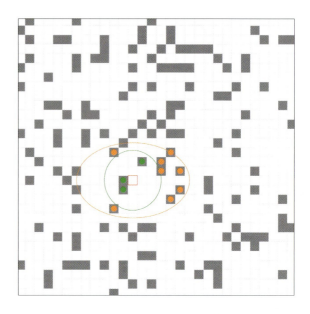

Muster nähert sich rasch einem endgültigen Aussehen, das schon nach 5 bis 10 Iterationen erkennbar wird. Die Gewichtung (Multiplikation) mit dem Faktor 3 kommt daher, dass es maximal etwa dreimal so viele orange Pixel („Inhibitoren") wie grüne Pixel („Aktivatoren") geben kann. Überwiegen die gewichteten Aktivatoren, wird das Testpixel schwarz. Die vier computergenerierten „Zebra-Muster", die auf der rechten Seite zu sehen sind, entstanden auf die beschriebene Art. Über die Form der Muster entscheiden überraschenderweise nicht Anzahl oder Position der Ausgangspunkte, sondern vielmehr die Gestalt der beiden Ringe (um Zebra-Muster zu erhalten, wählt man zwei Ellipsen so wie in der Skizze oben links: die Hauptachsen sind um 90° verdreht).

Im großen Foto rechts sieht man eine Zebramutter mit Baby. Vergleicht man die Muster am Kopf, erkennt man aufgrund der nahen Verwandtschaft starke Ähnlichkeiten. Vergleichbare Muster findet man nicht nur bei Tierfellen oder Tierhäuten (Tiger, Tigerhai), sondern auch bei Sandrippen im Flachwasser, was das Foto links illustrieren soll.

ⓘ M. Frame **How the zebra gets its stripes** http://classes.yale.edu/fractals/Panorama/Biology/Leopard/Leopard.html

Die Henne und das Ei

Die Frage, ob die Henne oder das Ei zuerst da war, lässt sich als Metapher auf viele Dinge im Alltag umlegen. Mathematisch liegt ein Henne-Ei-Problem vor, wenn sich Beziehungen nicht „topologisch sortieren" lassen. In der Evolution gab es wohl nie eine „erste Henne" oder ein „erstes Ei".

Abgesehen von diesen philosophischen Fragestellungen verdienen Hühner und Eier durchaus andere mathematisch / physikalisch / biologische Fragestellungen:

Wieso sind z. B. Hühnereier zwar Drehkörper, aber keine Kugeln oder zumindest symmetrische Ellipsoide? Antwort: je symmetrischer, desto eher rollen die Eier „auf Nimmerwiedersehen" davon. Besser, sie „eiern herum". Bei manchen felsenbrütenden Vogelarten (z. B. die isländischen Trottel- und Dickschnabellummen) sind Eier aus diesem Grund nicht einmal mehr Drehkörper.

Warum kann man sich am höchsten Berggipfel kein Frühstücksei mehr kochen? Antwort: Weil der Luftdruck so klein ist, dass das Wasser schon bei viel niedrigeren Temperaturen kocht, was dann u. U. nicht mehr ausreicht, um das Ei hart werden zu lassen.

Warum brauchen größere Eier mehr Wärme zum Ausbrüten bzw. wieso dauert es länger, größere Eier hartzukochen? Antwort: Weil größere Eier eine im Verhältnis zum Inhalt kleinere Oberfläche haben, über welche die Wärme einwirken kann.

Die Frage, wer zuerst das Ei gekonnt öffnen konnte (der Mensch oder das Küken) ist eindeutig zu beantworten (im Bild rechts unten ist jenes Ei zu sehen, das eines der beiden Küken auf der rechten Seite geöffnet hat). Auf jeden Menschen kommen weltweit etwa zwei Hühner, wobei das Haustier Huhn mit dem Haustier Rind (ca. 1,3 Milliarden) bei der Biomasse nicht mithalten kann.

WIKIPEDIA **Henne-Ei-Problem** http://de.wikipedia.org/wiki/Henne-Ei-Problem
W. WUNDERLICH **Zur Geometrie der Vogeleier**
Sitzungsber., Abt. II, Österreich. Akad. Wiss. Math.-Naturwiss. Kl. 187 (1978), 1-19
M. GLEICH, D. MAXEINER, M. MIERSCH **Life Counts. Eine globale Bilanz des Lebens.** Berlin Verlag, 2000

Das Schildkröten-Paradoxon

Die abgebildete Schildkröte läuft bei einer Körpergröße von 18 cm notfalls etwa eine Körperlänge pro Sekunde. Der griechische Held Achilles war vielleicht zehnmal so groß und konnte sicher in voller Rüstung zehnmal so schnell marschieren. Nur, wenn es nach Zenon von Elea, einem griechischen Philosophen, der vor ca. 2500 Jahren lebte, ginge, könnte er das Reptil nie einholen, auch wenn dieses nur 10 Meter Vorsprung hätte:

Wenn nämlich der Unbesiegbare an der Stelle angelangt ist, wo sich die Schildkröte beim Start befunden hat, ist diese schon 1 Meter weiter gehastet. Nachdem Achilles eben diesen Meter durchschritten hat, ist das Panzertier 10 cm voran. Wenn der Grieche auch diese 10 cm weiter ist, trennt ihn trotzdem noch 1 Zentimeter vom Gleichstand, usw. usw. Klar, dass da etwas nicht stimmen kann, aber was genau ist es?

Auch wenn die Erzählung in alle Ewigkeit fortsetzbar ist, beschreibt sie doch unendlich langatmig nur jenen wohldefinierten Zeitraum, der nötig ist, um gleichauf zu sein. Zenon's Paradoxon (scheinbarer Widerspruch) ist berühmt geworden. Hier sieht selbst der Laie bald, dass etwas nicht stimmen kann.

WIKIPEDIA **Achilles und die Schildkröte** http://de.wikipedia.org/wiki/Achilles_und_die_Schildkröte
WIKIPEDIA **Ziegenproblem** http://de.wikipedia.org/wiki/Ziegenproblem

Ein viel „hinterhältigeres" Paradoxon ist folgendes: Jemand versteckt eine Erbse unter einem von drei Hütchen A, B und C und lässt Sie gegen eine Siegesprämie raten, unter welchem Hütchen das Kügelchen steckt. Sie zeigen z. B. auf A. Nun lüftet der andere eines der beiden anderen Hütchen (z. B. B) und zeigt Ihnen, dass dort keine Erbse ist. Jetzt gibt er Ihnen die Möglichkeit, Ihre Wahl zu ändern, also in diesem Fall auf C zu tippen.

Ein Großteil der Befragten wird sagen: „Das Ändern hat keinen Sinn, ist es doch gleichwahrscheinlich, ob ich jetzt noch ändere oder nicht". Falsch! Sie sollten auf jeden Fall ändern, wenn Sie die Wettsumme mit größerer Wahrscheinlichkeit haben wollen (Ihre Chancen sind dann von 33% auf 67% gestiegen, also von „eher nicht erraten" auf „eher schon erraten").

Wenn Sie's nicht glauben, spielen Sie das Spiel in beiden Varianten je 100 Mal und vergleichen Sie, wo Sie öfter gewinnen. Das Paradoxon ist unter dem Namen „Ziegenproblem" bekannt und die Diskussion darüber belebt nicht wenige Internet-Foren …

Herauslesen aus Fotos

Fotos dominieren unsere Welt. Abertausende Bücher sind voll mit Fotos, die Anzahl der Fotografien, die über das Internet verbreitet werden, ist nicht mehr überschaubar. Mit Fotos kann viel Schindluder getrieben werden und man kann alles Mögliche damit „beweisen".

Es ist vom Standpunkt der Geometrie aus möglich, viele der Tricks zu entlarven, und zwar umso leichter, je weniger mathematisch-geometrisches Wissen der Fälscher besitzt. Wenn man sich darauf verlassen kann, dass ein Foto „im Originalzustand" ist, etwa weil man es selbst gemacht hat, und man auch die Eckdaten bei der Fotografie (z. B. die verwendete Brennweite) kennt, kann man ein Foto durchaus zum Gewinnen einer neuer Erkenntnis heranziehen.

Ein simples Beispiel: Angenommen, wir wären noch nicht in der Lage, zum Mond zu fliegen. Aufgrund von Teleobjektiv-Aufnahmen ließen sich natürlich trotzdem viele Schlüsse ziehen. Wie könnte man z. B. beweisen, dass der Mond kugelförmig ist? Nun, zunächst ist der Umriss bei der Teleaufnahme ein Kreis, so wie der Umriss jeder Kugel bei Normalprojektion bzw. auch bei Zentralprojektion, wenn man den Mittelpunkt der Kugel anvisiert. Weiters könnte man die Eigenschattengrenze des Monds bei Beleuchtung durch die Sonne verfolgen und würde feststellen, dass es sich um dieselben Ellipsen handelt, welche auf einer Kugel auftreten.

Man könnte aufgrund der vorhandenen, aber nicht extrem ausgebildeten Schlagschatten feststellen, dass die Oberfläche wohl gebirgig, aber relativ zum Radius nicht allzu sehr zerfurcht ist. Allerdings müsste man feststellen, dass wir die Rückseite des Monds niemals sehen können und daher nicht wüssten, ob diese vergleichbar aussieht.

Theoretisch könnte der Mond auf der uns zugewandten Seite immer noch ein eiförmiges Drehellipsoid sein (das gäbe keinen Unterschied bei der Eigenschattengrenze) und auf der Rückseite völlig anders aussehen. Auf dem Mond gibt es aber Krater, die offensichtlich von Meteor-Einschlägen stammen. Solche Krater sind annähernd

Der Mond ist kugelförmig – ein fotografischer Beweis

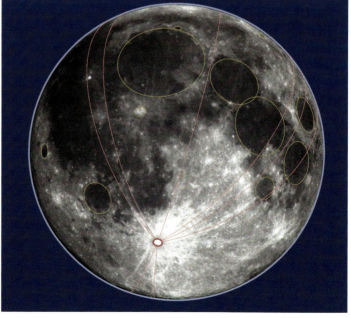

kreisförmig. In der mit einer Fotografie des Vollmonds hinterlegten Computergrafik rechts sind solche Kreise abgebildet. Und – siehe da – die Kreisbilder passen gut ins Foto. Kreise in dieser Bandbreite gibt es aber nur auf einer Kugel, nicht aber auf einem Ellipsoid. Mit der Computersimulation hat man dann auch gleich die Radien der Krater im Griff. Auffällig ist, dass man beim Vergleich mit dem Computerbild erkennt, dass es vom rot markierten Krater im südlichen Bereich ausgehend einige hunderte Kilometer lange helle Streifen gibt, welche recht genau die Form von Großkreisen auf der Kugel haben. Auch von anderen Kratern gehen solche „Spuren" aus. Sie weisen auf die enorme Einwirkung solcher Einschläge im Oberflächenbereich hin.

Der Mond ist nicht immer gleich weit von der Erde entfernt. Minimalabstand und Maximalabstand sind jeweils mehr als 5% größer oder kleiner als der durchschnittliche Abstand von 384 000 km. Hat eine Kugel den 1,1-fachen Durchmesser einer anderen Kugel, erscheint ihr Volumen gleich wesentlich größer, nämlich $1,1^3$ Mal, also etwa 1/3 größer (vgl. dazu die beiden Bilder auf der linken Seite). In diesem Fall handelt es sich also um keine Täuschung, wenn man sagt: „Der Mond erscheint heute besonders groß". Einer echten Täuschung erliegt man allerdings, wenn man glaubt, der gerade auf- oder untergehende Mond habe einen größeren Durchmesser. Das Doppelbild unten zeigt links eine unverfälschte Fotografie eines Sonnenuntergangs über dem Wiener Kahlenberg. Der mitabgebildete Fernsehsender, von dem man weiß, dass er sehr hoch ist, lässt die Sonne in der Tele-Aufnahme riesig erscheinen.

Das rechte Bild ist eine Fotomontage, bei der statt der Sonne der Vollmond platziert wurde. Theoretisch wäre so ein Bild möglich, denn Sonne und Mond haben nahezu den gleichen Durchmesser am Firmament: Diesmal würde der Mond im Größenvergleich mit dem Turm riesig erscheinen.

W. Stegmüller **Die Mondtäuschung** www.afw2000.de/Elemente/2008_AT_03.pdf

12 Wiederholbarkeit von Versuchen

Eine der Grundsäulen von Naturwissenschaft ist die Forderung, dass Experimente wiederholbar sind. Besonders wichtig ist auch das exakte Beschreiben von Grundvoraussetzungen sowie die unverfälschte Darstellung des Ergebnisses. Die einzelnen Momentanaufnahmen eines tropfenden Wasserhahns (linke Seite) sind keine Stroboskop-Aufnahmen. Wir sehen also nicht einen einzelnen Tropfen zu verschiedenen Zeitpunkten, sondern Tropfenserien. Beim Betrachten dieser Serien fällt auf, dass sich die einzelnen Tröpfchen in nahezu konstantem Abstand aneinanderreihen (ein einzelner Tropfen würde, in konstanten Zeitintervallen fotografiert, die Abstände deutlich sichtbar von Lage zu Lage vergrößern). Offensichtlich lösen sich erst während des Fallens immer wieder Teiltröpfchen, die dann „nachhinken". Die Fotos sind beliebig wiederholbar und sehen einander täuschend ähnlich.

Die Aufnahme eines Tropfens, der sich ganz langsam vom Blütenblatt einer Sonnenblume löst, hat eher einen ästhetischen Wert. Man könnte sich auch überlegen, wie die Zerrbilder im Tropfen zustandekommen (s. S. 140) …

 WIKIPEDIA **Abreißen eines Tropfens** http://de.wikipedia.org/wiki/Tropfen

Seerosen-Vermehrung

Folgende Fragestellung läuft auf eine Exponentialgleichung hinaus: In einem Teich wachsen Seerosen, die sich immer mehr ausbreiten. Die von ihnen bedeckte Fläche nehme täglich um 10% zu. Nach 30 Tagen ist der Teich völlig bedeckt. Wie groß war die Fläche am Anfang? Wann war der Teich zur Hälfte bedeckt?

Sei S die von den Seerosen am ersten Tag bedeckte Fläche und A die Fläche des Teichs. Am zweiten Tag bedecken die Seerosen die Fläche $1{,}1 \cdot S$, am n-ten Tag die Fläche $1{,}1^n \cdot S$.

Aus $1{,}1^{30} \cdot S = A$ ergibt sich $S = A\,/\,17{,}5$ – d. h., der Teich war anfänglich nur zu weniger als 6% bedeckt.

Nun ist der Wert von n aus $1{,}1^n \cdot S = 0{,}5\,A$ zu ermitteln: $1{,}1^n \cdot S = 0{,}5 \cdot 1{,}1^{30} \cdot S \rightarrow 1{,}1^{n-30} = 0{,}5 \rightarrow n = 30 + \log 0{,}5\,/\log 1{,}1 = 22{,}73$.

Der Teich war also am 23. Tag zur Hälfte bedeckt. Die Seerosen-Problematik steht stellvertretend für exponentielles Wachstum, das in der Natur auch bei Bakterienvermehrung zu finden ist. Solches Wachstum muss zwangsläufig irgendwann kollabieren oder ein anderes Ende finden, weil sonst alle Grenzen überschritten würden. Im Fall eines Teichs gilt: Mehr als zuwachsen kann er nicht (Bild unten: Schon fast geschlossener Schilfgürtel am Neusiedlersee).

Folgende Strategie im Casino kann daher fatale Folgen haben: Man setzt einen gewissen Geldbetrag G auf Rot. Kommt Rot, hat man gewonnen (Gewinn G). Kommt Schwarz, verdoppelt man den Einsatz und setzt wieder auf Rot. Kommt Rot, bekommt man das Doppelte des aktuellen Einsatzes ($4G$) und hat in Summe den Gewinn G. Kommt wieder Schwarz, verdoppelt man den Einsatz und setzt wieder auf Rot, usw.

Der Haken an der Sache ist: Der Gewinn ist immer nur G. Irgendwann überschreitet aber der doppelte Einsatz den maximalen Rahmen, und die Bank wird die Wette ablehnen. Dann ist ungleich mehr verspielt als man je gewinnen kann.

 Mathe-Online Exponentialfunktion und Logarithmus www.mathe-online.at/mathint/log/i.html

2 Der mathematische Blick

Verblüffend ähnlich

Die Formen der Natur sind oft „ziemlich geometrisch", aber nur selten absolut perfekt. Das hängt wohl damit zusammen, dass es eine Unzahl von „Störfaktoren" gibt, die z. B. ein absolut gleichmäßiges Wachstum verhindern.

Dennoch: Eine deutliche Verwandtschaft zu „idealen" Figuren lässt – bei aller gebotenen Vorsicht – unter Umständen Deutungen zu. Im Computerbild rechts ist ein Ausschnitt der Enneper'schen Fläche dargestellt und ist ein oft zitiertes Beispiel für eine algebraische Minimalfläche.

Darunter ist eine Unterwasser-Aufnahme einer Trichteralge zu finden. Wohl kaum ein Mathematiker wird die Form nicht mit der Enneper-Fläche assoziieren. Vielleicht geht es bei der Pflanze tatsächlich um die Minimierung der Oberflächenspannung.

Das Bild auf der rechten Seite zeigt eine „Affenleiter" (eine verholzte tropische Liane). Der Versuch, den gewundenen Stamm mit dem Computer zu simulieren, gelang recht gut. Dabei wurde von einer parallelen Schar von Geraden ausgegangen, die in Abhängigkeit von der die Mittelgerade enthaltenden Symmetrieebene gedehnt wurde. Klar, dass dabei eine Sinusfunktion eine Rolle spielt, aber auch eine Exponentialfunktion. Beide Funktionen kommen bei vielen natürlichen Vorgängen ins Spiel.

R. Schaper **Ennepersche Minimalfläche** www.mathematik.uni-kassel.de/~rascha/Live3D/ennep2.html
W. T. Meyer **Die klassische Ennepersche Minimalfläche** http://wwwmath.uni-muenster.de/u/meyer/Enneper/enneper3.html

Assoziationen

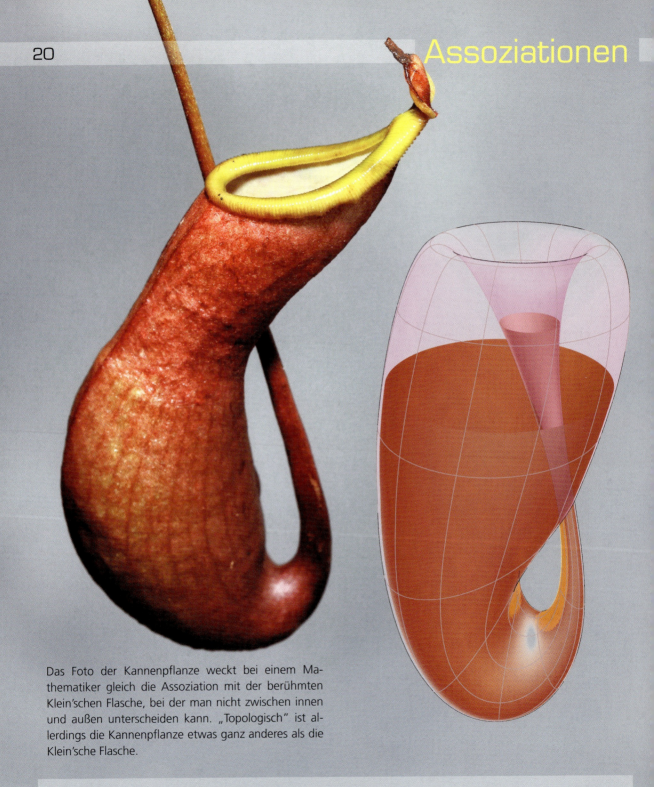

Das Foto der Kannenpflanze weckt bei einem Mathematiker gleich die Assoziation mit der berühmten Klein'schen Flasche, bei der man nicht zwischen innen und außen unterscheiden kann. „Topologisch" ist allerdings die Kannenpflanze etwas ganz anderes als die Klein'sche Flasche.

WIKIPEDIA **Klein'sche Flasche** http://de.wikipedia.org/wiki/Kleinsche_Flasche

Die Assoziation einer computergenerierten „Abwicklung mit Verformung" und der abgebildeten kugeligen Teufelskralle ist nicht weit hergeholt. Die Abwicklung geschah, ohne das Bild vorher zu kennen, nach gewissen Modellen. Man könnte nachträglich die getroffenen Überlegungen anpassen und vielleicht dem Geheimnis der Pflanze, sich gerade so zu entwickeln, näher kommen.

Nicht nur zufällig ähnlich

Manchmal scheint es zufällig Ähnlichkeiten zwischen Computergrafiken und natürlichen Phänomenen zu geben. Betrachten wir das Computerbild rechts, wo Äquipotentiallinien bzw. Feldlinien (Orthogonaltrajektorien) eines elektrischen Feldes von – drei symmetrisch angeordneten – Linienladungen illustriert sind. Auf der anderen Seite ist das Ganze für zwei Ladungen räumlich interpretiert dargestellt.

Nun blicken wir auf das Foto eines speziellen Baumstammquerschnitts (unten), wo offensichtlich zwei Stämme zusammengewachsen sind, mit seinen Jahresringen bzw. den dazu orthogonalen Rissen längs der transversalen, wenig ausgestärkten Markstrahlen. Auch wenn gar nicht versucht wurde, identische Bilder zu erzeugen: Die Ähnlichkeit scheint gegeben.

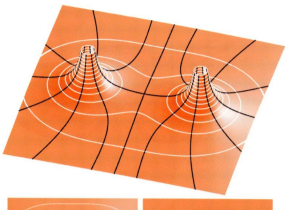

Weniger verblüffend ist die Ähnlichkeit mit Äquipotentiallinien bei Kerzen mit mehreren Flammen (Foto unten), wo statt der elektrischen Linienladung die heiße Luftsäule der Flamme auftritt, welche das Wachs zum Schmelzen bringt. Die Äquipotentiallinien sind bei den elektrischen Ladungen sog. Cassini-Kurven (4. Ordnung, kleines Computerbild unten links). Für solche Kurven ist das Produkt der Abstände von den festen Punkten konstant.

Kaum davon zu unterscheiden sind jene Ortslinien, für welche die Summe der Reziprokwerte der Abstandsquadrate von zwei festen Punkten konstant ist (kleines Computerbild unten rechts) – und das sind wohl die „Isothermen", entlang derer es gleich heiß ist.

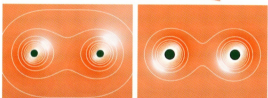

H. Dalichau **Spiegelungsprinzip** www.unibw.de/eit5/institut/dalichau/info/KA_KAPITEL_1_2753 (S.19)
G. Glaeser, K. Polthier **Bilder der Mathematik** Spektrum Akademischer Verlag, Heidelberg, 2009

Iterative Formfindung

Die Natur wartet selten mit exakt-geometrischen Formen auf. Will man solche Formen mit dem Computer darstellen, hat man einige Standard-Möglichkeiten: Erstens kann man die Objekte vereinfacht darstellen, Äste also z. B. durch Zylinder grob annähern. Zweitens kann man versuchen, über CAD-Programme die Körper mittels Freiformflächen so „hinzubiegen", dass rein visuell eine große Ähnlichkeit besteht. Drittens kann man Objekte dreidimensional einscannen und (im Idealfall sogar mit den zugehörigen Texturen belegt) völlig realitätsgetreu darstellen.

Die genannten Methoden sind natürlich sehr nützlich, haben aber einen Nachteil: Sie bringen kaum tiefere Einsichten, warum die Formen so aussehen und wie sie entstanden sein könnten. Umso spannender sind Computersimulationen, die gewisse physikalische Eigenschaften ausnützen, um Formen oder Muster zu

generieren. In diesem Buch werden einige davon präsentiert (beispielsweise auf S. 4, S. 172 und S. 264), und es gibt noch viele mehr. Wenn die entsprechenden Algorithmen tatsächlich gut brauchbare Resultate liefern, kann man unter Umständen nachträglich verifizieren, dass gewisse physikalische Faktoren tatsächlich auch „in natura" zusammenwirken.

Ein konkretes Beispiel: Wenn man gewöhnliche Zylinder wie Äste „zusammensteckt" und dann fordert, dass die Oberfläche des entstandenen Verbindungsobjekts Schritt für Schritt verkleinert wird, entstehen Gebilde, die sehr natürlich wirken und an die sanften Übergänge bei Verzweigungen verschiedenster Art erinnern.

F. GRUBER, G. GLAESER **Magnetism and minimal surfaces – a different tool for surface design**
Computational Aesthetics in Graphics, Visualization, and Imaging (2007), pp. 81-88
F. GRUBER **Vom Magnetismus zur Minimalfläche** http://sodwana.uni-ak.ac.at/geom/mitarbeiter/files/flaechendesign.ppt

Das Bild rechts oben auf der linken Seite illustriert, dass Äste durchaus diesem Oberflächen-Verkleinerungszwang unterliegen könnten. Beim Schneckenbild links unten wurde gar nicht versucht, exakt eine Schnecke zu modellieren – Weichtiere ändern ohnehin ständig „amöbenartig" ihre Form. Die sanften Übergänge bei den Ausstülpungen haben aber durchaus etwas Schneckenhaftes an sich. Um den besagten Formfindungsalgorithmus aber einmal auf Herz und Nieren zu testen, kann man versuchen, ein reales Objekt möglichst naturgetreu anzunähern. So geschehen bei der originellen Kugel aus Glas, in die bei starker Hitze ein Zylinder „eingeklebt" wurde.

Unter dem Einfluss der Kontraktionskräfte bei der Auskühlung und der Schwerkraft entstand dann ein skurriles Gebilde, das irgendwie sogar organisch wirkt. Das Ergebnis kann man durchaus als „gelungen" bezeichnen, was darauf hindeutet, dass die genannten Kräfte maßgeblich an der Formgebung beteiligt waren.

Zonen mit lauter Rauten

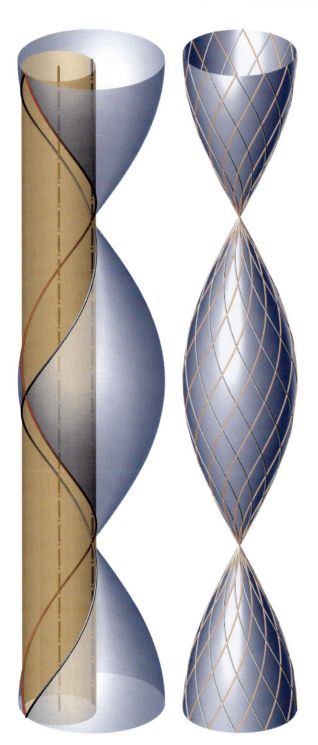

Betrachten wir eine Drehfläche, die durch Rotation einer Sinuslinie (Amplitude a) entsteht (blau). Schneiden wir sie mit einem (orange eingezeichneten) Drehzylinder mit dem Durchmesser a, der die Spitzpunkte enthält und die Fläche in Punkten mit maximalem Achsabstand berührt, so erhält man überraschenderweise zwei gegensinnig gewundene Schraublinien (rot und grau).

Durch Rotation des Zylinders kann man beliebig viele solcher Schraublinien erzeugen. Sie bilden ein Netz auf der Fläche, das aufgrund ihrer Ästhetik den Architekt Norman Foster zu seinem bekannten Hochhaus in London inspiriert hat.

Wählen wir nun eine gerade Anzahl n von Schraublinien und markieren auf diesen von Spitze zu Spitze je $n + 1$ Punkte in gleichem Abstand. Diese Punkte bilden dann ein Zonoeder, dessen Seitenflächen aus lauter Rauten mit gleicher Seitenlänge bestehen. In der Draufsicht bilden die Rauten wegen der stets gleichen Neigung der Schraublinien ebenfalls ein Rautennetz mit konstanter Seitenlänge. In den Bildern unten sind die Spezialfälle $n = 6$ und $n = 12$ exemplarisch abgebildet. Auch die Höhenunterschiede der einzelnen Punkte bleiben wegen der Schraublinien-Eigenschaft konstant, was den Namen Zonoeder (engl. zonohedron) rechtfertigt.

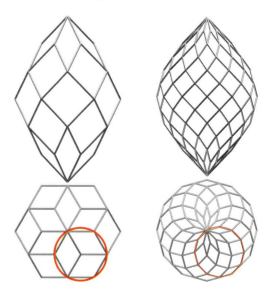

Ein Nadelbaum bildet neue Triebe aus. Auch wenn das Ergebnis nicht zwingend etwas mit einem Zonoeder zu tun hat, sieht es doch verblüffend ähnlich aus (man betrachte insbesondere die Ansicht der unteren Knospe, wo man durchaus die kreisförmige Ansicht eines Drehzylinders erahnen kann. In weiterer Folge erinnern auch die Zapfen von Nadelbäumen an Zonoeder.

 N. Foster **Great Buildings** www.greatbuildings.com/buildings/30_St_Mary_Axe.html
G. W. Hart **Zonohedra** www.georgehart.com/virtual-polyhedra/zonohedra-info.html
F. Gruber, G. Glaeser **Über Zonoeder** Technical paper 2010

28 Netze mit windschiefen Rauten

 G. Glaeser **Geometrie und ihre Anwendungen in Kunst, Natur und Technik**
2. Aufl., Spektrum Akademischer Verlag, Heidelberg 2008

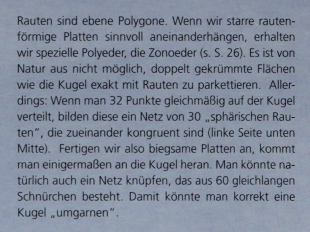

Rauten sind ebene Polygone. Wenn wir starre rautenförmige Platten sinnvoll aneinanderhängen, erhalten wir spezielle Polyeder, die Zonoeder (s. S. 26). Es ist von Natur aus nicht möglich, doppelt gekrümmte Flächen wie die Kugel exakt mit Rauten zu parkettieren. Allerdings: Wenn man 32 Punkte gleichmäßig auf der Kugel verteilt, bilden diese ein Netz von 30 „sphärischen Rauten", die zueinander kongruent sind (linke Seite unten Mitte). Fertigen wir also biegsame Platten an, kommt man einigermaßen an die Kugel heran. Man könnte natürlich auch ein Netz knüpfen, das aus 60 gleichlangen Schnürchen besteht. Damit könnte man korrekt eine Kugel „umgarnen".

Ein anderes Netz passt auf die sog. Pseudosphäre, bei welcher von jedem Punkt nur vier Schnürchen ausgehen, das also aus einem quadratischen Netz entstehen kann. Tatsächlich erzeugen Fischer weltweit Reusen, die von solchen Netzen gebildet werden (großes Bild). Das kleine Foto unten zeigt ein Modell, das aus biegsamen Metallplättchen entstanden ist.

Schiefe Parallelprojektionen

Sonnenstrahlen sind einigermaßen parallel und treffen normalerweise schräg auf etwaige Schattenebenen auf. Der entstehende Schlagschatten ist dann eine schiefe Parallelprojektion (Computerbild rechts). Das Ergebnis kann ein recht verzerrtes Abbild sein – manchmal liefert es aber brauchbare Zusatz-Informationen, wie etwa bei dem gusseisernen 3D-Ornament im Bild links.

Architekten verwenden Schatten gerne als Gestaltungselement (Casa Batlló von Antoni Gaudi). Rechte Seite oben: Im Abstand von einer knappen halben Stunde mutieren die „Zebrastreifen"). Ganz rechts unten: Der Schatten des Geländers wird umso unschärfer und weniger dunkel, je weiter Raumpunkt und Schattenpunkt entfernt sind. Dies deshalb, weil die Sonne am Firmament einen Durchmesser von 0,5° hat, sodass es durch jeden Punkt genau genommen einen sehr spitzen Lichtkegel gibt (Öffnungswinkel 0,5°). Auch im Foto daneben sieht man (gelb eingekreist) einen schon relativ unscharfen Schatten. Bei beiden Fotos erscheinen die orange eingezeichneten Lichtstrahlen im Bild parallel, was in einer Fotografie nur dann sein kann, wenn die Lichtstrahlen orthogonal zur optischen Achse einfallen.

WIKIPEDIA **Casa Batlló** http://en.wikipedia.org/wiki/Casa_Batlló
UNIVERSITÄT ERLANGEN-NÜRNBERG **Parallelprojektion**
www.didmath.ewf.uni-erlangen.de/Vorlesungen/Geometrie_HS/4_Projektionen/Parallelprojektion.htm

Fibonacci und Wachstum

Leonardo da Pisa, auch Fibonacci genannt, war der bedeutendste europäische Mathematiker des Mittelalters. Auf ihn geht die Fibonacci-Zahlenfolge 1, 1, 2, 3, 5, 8, 13, 21, 34, usw. zurück, die rekursiv angeschrieben werden kann mit $F(0)=F(1)=1$, $F(i+1)=F(i)+F(i-1)$. Die nächste Zahl der Folge ist also die Summe der beiden vorangegangenen Zahlen. Man kann auch sagen, dass das n-te Glied um eins kleiner ist als die Summe der ersten $n-2$ Glieder. Es lässt sich zeigen, dass der Quotient $F(n)/F(n-1)$ rasch gegen eine Zahl $\Phi = (1+\sqrt{5})/2 = 1{,}618\cdots$ konvergiert und dass größere Fibonacci-Zahlen sehr genau durch die Formel $F(n) = c\,\Phi^n$ (mit $c = \Phi/\sqrt{5} \approx 0{,}7236067$) beschrieben werden können.

Fibonacci-Zahlen sind also eng mit Exponentialfunktionen verknüpft (im Koordinatensystem unten sind die ersten 27 Fibonacci-Zahlen eingezeichnet, wobei die Ordinate wegen $F(27) = 317\,811$ zehntausendmal verkleinert ist). Fibonacci hat für die Folge ein leicht verständliches Beispiel aus der Natur gewählt: Ein junges Kaninchen-Pärchen (Bild auf der linken Seite) braucht einen Monat, um geschlechtsreif zu werden und kann ab dann jedes weitere Monat ein Pärchen zur Welt bringen, das sich seinerseits nach einem Monat Reife fortpflanzt.

Offensichtlich handelt es sich um eine exponentielle Vermehrung, die so rasch vor sich geht, dass es fast keine Rolle mehr spielt, wenn irgendwann die Elterntiere sterben. Dieses Vermehrungsschema oder Teilungsprinzip ist in der Natur häufig, wenngleich es natürlich nicht so strikt mathematisch vor sich geht: Mal gibt es mehr, mal weniger Jungen, die Aufteilung der Geschlechter ist nicht exakt 1:1, usw.

Der enge Zusammenhang der ganzzahligen Fibonacci-Folge mit exponentiellem Wachstum wird beim Wachstum von Blütenständen oft recht deutlich, wo man glaubt Spiralen in zwei verschiedene Richtungen erkennen zu können, deren Anzahl dann jeweils zwei aufeinanderfolgende Fibonacci-Zahlen sind (s. S. 208). Auch die Anzahl von Blütenblättern entspricht häufig einer Fibonacci-Zahl.

 WIKIPEDIA **Leonardo Fibonacci** http://de.wikipedia.org/wiki/Leonardo_Fibonacci
J. LOY **Fibonacci Numbers** www.jimloy.com/algebra/fibo.htm

Verschiedene Skalen

Der Farn links und die Spur eines Geländefahrzeugs im Schnee weisen durchaus Ähnlichkeiten auf. Was wirklich gemeinsam ist: Es gibt eine Mittellinie, von der aus Äste unter gleichem Winkel abzweigen, was vergleichbar ist, weil das rechte Bild eine extreme Perspektive zeigt: Die Abstände der Verzweigungspunkte und die Längen der Äste nehmen „zur Spitze hin" ab.

Um den Farn scharf zu bekommen, wurde er frontal fotografiert. Nun können die verschiedenen Abstände verglichen werden. Das Ergebnis: Die Verzweigungspunkte bilden einigermaßen genau eine arithmetische Folge. Jeder Abstand entsteht aus dem vorherigen durch Addition einer Konstante (das stimmt vielleicht nicht bei jedem Abstand, aber à la longue). Nach einer endlichen Anzahl von Punkten ist der Abstand Null.

Bei der Radspur handelt es sich hingegen um eine typische projektive Skala, wie wir sie bei der Fotografie von Eisenbahnschienen beobachten. Theoretisch haben daher unendlich viele Verzweigungspunkte Platz.

P. Wossnig **Architektur-Perspektive** http://geometrie.diefenbach.at/Abbildungsverfahren/Perspektive.pdf
H. Walser **Raumgeometrie** www.math.unibas.ch/~walser/institut/vorlesungen/10fs/RG/Vorlesung/05_V_Projektionen.pdf

Die Kepler'sche Fassregel

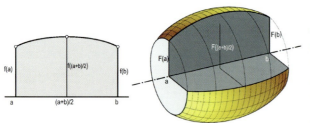

Volumina von Drehkörpern berechnet man üblicherweise mittels Integralrechnung, wobei der Meridian durch einen Funktionsgraphen $y=f(x)$ beschrieben sein muss. Lässt sich das Integral explizit anschreiben, hat man dann gleich eine Formel. In der Praxis ist entweder $f(x)$ nicht gegeben oder aber das zugehörige Volumensintegral ist nur näherungsweise lösbar.

Kepler hat eine in der Praxis gut zur Volumensabschätzung brauchbare Formel angegeben. Die Näherung ist umso besser, je eher der Meridian einem Parabelbogen ähnelt. Man berechnet das Volumen des Drehkörpers, indem man die Querschnittsflächen am Anfang und am Ende sowie den Querschnitt der Mitte (vierfach gezählt) mittelt:

$$V = \frac{b-a}{6}\left[F(a) + 4\,F\!\left(\frac{a+b}{2}\right) + F(b)\right]$$

Schätzen wir einmal „auf die Schnelle" die Länge des riesigen Weinfasses in der kroatischen Kellerei bei Velika. Das Volumen brauchen wir nicht zu schätzen, denn am Fass steht deutlich der Inhalt: 53 520 Liter, also ca. 54 m³ Volumen. Die beiden Damen vor dem Fass sind 165 cm groß. Weil der vordere Durchmesser des Fasses in etwa doppelt so groß ist, haben wir vorn und hinten eine Querschnittsfläche von etwa 8 - 9 m². Der mittlere Querschnitt dürfte dann 10 - 11 m² haben. Wir haben damit folgende Näherung (übertrieben genau zu rechnen, wäre hier „unmathematisch", denn die Kette ist so stark wie ihr schwächstes Glied):

$$54\,\text{m}^3 = \frac{b-a}{6}[8{,}5 + 4\cdot 10{,}5 + 8{,}5]\text{m}^2$$
$$\Rightarrow b-a \approx 5{,}4\,\text{m}$$

Das größte Weinfass der Welt steht in Heidelberg und hat viermal so viel Fassungsvermögen. Die Längenmaße sind dementsprechend mit $\sqrt[3]{4} \approx 1{,}6$ zu multiplizieren. Nun ein unorthodoxer Sprung in eine andere Welt: Eine Stechmücke hat sich eben an meiner linken Hand gelabt (solche Versuche sollte man nur in malariafreien Gegenden machen). Wie viel Blut wurde mir abgezapft?

ⓘ TRAVEL WONDERS **Größtes Weinfass** www.travel-wonders.com/2009/11/heidelberg-castle-worlds-largest-barrel.html

Die Form des „Blutbehälters" ist ideal für die Keplerformel geeignet. Wenn wir den Körper als symmetrische Spindel annehmen, sind die Randquerschnitte null. Die Länge $b-a$ ist etwa 10 mm, der Mittelquerschnitt mit einem Durchmesser von 3 mm ist etwa 7 Quadratmillimeter groß. Somit ist das Volumen

$$V = \frac{10\,\text{mm}}{6}[0 + 4\cdot 7 + 0]\,\text{mm}^2 \approx 46\,\text{mm}^3$$

Nach 20 Stichen ist somit 1 cm³ (1 Milliliter) Blut weg. Dass das Ganze „Brutto für Netto" Blut ist, sieht man im Vergleich mit der Anfangsphase des Stichs (Bild rechts).

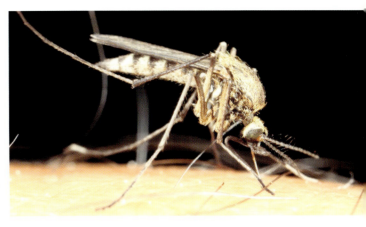

Am Blutverlust liegt es also nicht, dass Mücken so unangenehm sind, eher schon am Anti-Gerinnungsmittel, welches das Tier injiziert, und natürlich an den Krankheiten, die dabei übertragen werden: Mückenstiche sind für Mensch und Tier eine Qual und Gefahr. 1,5 Millionen Menschen sterben jährlich an Malaria.

Aufgrund der Klimaerwärmung vermehren sich die Mücken in den Tundragebieten der Erde am Ende des Winters Wochen früher als vor Jahren, was ganze Karibu-Herden in die unwirtlichen Berge treibt, wo sie dann nicht genug Futter finden.

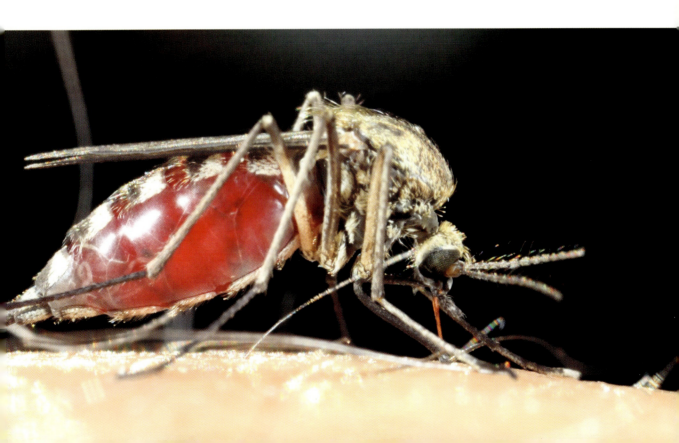

3 Räumliches Sehen

Tiefenwahrnehmung

MEDIENWERKSTATT ONLINE **Die Augen von Raubtieren und Pflanzenfressern**
www.medienwerkstatt-online.de/lws_wissen/vorlagen/showcard.php?id=11071&edit=0

Die Stellung der Augen sagt bereits einiges über die Lebensweise eines Tieres aus. Der Koboldmaki in den Urwäldern Indonesiens springt gezielt von Ast zu Ast, um dabei Heuschrecken und andere flinke kleine Beutetiere zu erhaschen. Daher sind beide Augen nach vorn gerichtet.

Der Kronenkranich lebt im offenen Grasland und muss potentielle Feinde rechtzeitig erkennen können. Ein großer Blickwinkel ist gefragt, wobei die Dreidimensionalität nur dort gegeben ist, wo sich die Sehbereiche beider Augen überlappen.

Phänomen Komplexauge

Die Komplex- oder Facettenaugen der Insekten (und der Krebstiere unter Wasser) verdienen eine nähere Betrachtung. Insekten werden zumeist in ihrer Sehleistung stark unterschätzt. Der für sie relevante Sehbereich ist nicht – wie bei den größeren Tieren – irgendwo zwischen 30 cm und unendlich, sondern der Komplementärbereich. Alles, was 30 cm und weiter von einer Fliege entfernt ist, braucht von ihr nur schemenhaft erkannt zu werden. Bei Distanzflügen verlassen sich Bienen oder Wespen viel eher auf ihre drei Punktaugen im oberen Kopfbereich (siehe Wespenkopf oben). Mehr zur Geometrie der Komplexaugen auf der nächsten Doppelseite.

Die gewöhnliche Stubenfliege offenbart unglaubliche Details, wenn man sie sich nur genau genug ansieht. Dieses Exemplar ließ das Foto-Shooting inklusive Verwendung eines Makroblitzes durchaus entspannt über sich ergehen.

 S. Frings **Vergleich von Linsen-Auge und Komplexauge** www.sinnesphysiologie.de/download/insekt.pdf
K.-H. Jeong, J. Kim, L. P. Lee **Künstliches Facettenauge** http://sciencev1.orf.at/news/144379.html

Entfernungstabellen

Je weniger Facetten das Komplexauge besitzt, desto geringer ist die Sehleistung. Aber selbst „einfache" Augen besitzen eine bemerkenswerte Eigenschaft:

Nachdem die Augen unbeweglich sind, gibt es zu jeder Facette eine genau definierte Sehachse, und es finden sich immer Paare von Facetten am linken bzw. rechten Auge (Computergrafik), deren Sehachsen einander in festen Punkten schneiden. Sieht also das Tier einen Punkt mit beiden Augen eines Paares, „weiß es hardwaremäßig", also ohne zusätzliche Gehirnleistung, die Entfernung millimetergenau. Schon die kleinste Veränderung des Punkts reicht aus, den Bildeindruck des zugeordneten Facettenpaares gänzlich zu verändern. Daher können marginale Bewegungen entdeckt werden, ohne dass das Insekt exakt wissen muss, worum es sich

handelt. Die Liste der Vorzüge der Komplexaugen geht noch weiter: Die Bildwiederholungsrate liegt bei etwa 250 Bildern pro Sekunde, was eine extrem schnelle Reaktion ermöglicht. Insekten und Krebse verfügen über das größte Blickfeld aller bekannten Lebewesen.

Bild unten: Froschaugen sind keine Komplexaugen, aber dennoch haben sie etwas mit ihnen gemeinsam: Sie sind fix positioniert. Durch Versuche hat man beim Menschen festgestellt, dass, wenn beide Augen fixiert werden, nach Minuten kein Bild mehr zu sehen ist, sondern alles Grau in Grau erscheint. Bewegt sich dann etwas, wird es augenblicklich und besonders intensiv wahrgenommen. Diesen Effekt nützt der Frosch aus, um blitzschnell nach Beute zu haschen. Der abgebildete Frosch ist eher auf Suche nach einer Partnerin ...

ⓘ S. Ings **Das Auge: Meisterstück der Evolution** Hoffmann und Campe, Hamburg, 2008

Phänomen Linsenauge

WIKIPEDIA **Auge** http://de.wikipedia.org/wiki/Auge

Die Evolution hat Augen verschiedenster Bauart entwickelt. Bei den Komplexaugen der Gliedertiere (s. S 42 & 44) gibt es – neben vielen Vorteilen – auch Nachteile: Sie sind lichtschwächer und können nicht fokussieren.

Beides lässt sich durch eine Linse, die in die Augenflüssigkeit eingebettet ist und deren Krümmung über Muskeln geändert wird, beheben (die konvexe Sammellinse bündelt das Licht auf der Netzhaut).

Die verhältnismäßig größten Augen aller Säugetiere hat der Koboldmaki (s. S. 40), der dafür die Augen nicht mehr bewegen kann, weil die dazu nötige Muskulatur zu viel Platz einnehmen würde. Dafür kann er seinen Kopf wie eine Eule drehen.

Außer uns Menschen können auch viele andere Wirbeltiere, verschiedene Insekten, Krebse und Tintenfische Farben sehen. Katzen sehen nur eingeschränkt farbig, haben dafür viel lichtempfindlichere Augen. Linke Seite: Schematische Zeichnung des menschlichen Auges, Kaninchenauge. Rechte Seite: Katzenauge.

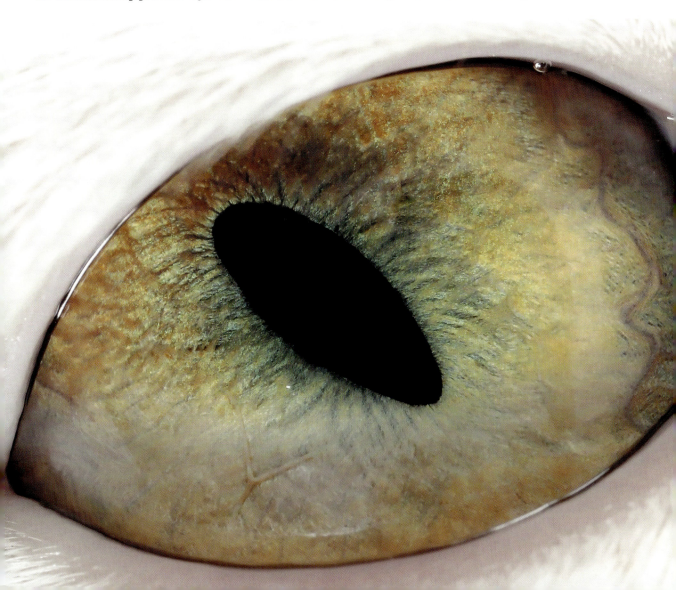

Zielgenauigkeit durch Antennen

Schlangen haben zusätzlich zu den Nasenlöchern, mit denen sie mäßig gut Gerüche wahrnehmen können, eine lange, zweigeteilte Zunge. Die Zungenspitzen führen dem in der Mundhöhle liegenden Jacobson-Organ ständig Duftmoleküle zu. Das funktioniert so präzise, dass die Schlange feststellen kann, von welcher Seite mehr Duftmoleküle geortet werden, sodass die Beute oder ein Sexualpartner zielgenau gefunden wird.

Schlangenaugen haben keine Lider und sind zur Gänze von einer durchsichtigen Schuppe bedeckt. Damit sehen sie insbesondere bewegte Objekte. Speikobras können extrem genau Entfernungen schätzen, indem sie den Kopf wippen und dadurch indirekt eine Bewegung des Bilds provozieren. Gleichzeitig erhöhen sie den Augenabstand („Parallaxe").

Der Kopf der abgebildeten (ungiftigen) Schlange ist nicht viel größer als der rechts abgebildete Käfer. Schlangen sind nach der Malaria-Mücke die weltweit gefährlichsten Tiere: insbesondere in Indien und südostasiatischen Ländern geht man von Zehntausenden Toten jährlich aus.

Der männliche Maikäfer ist ebenfalls ein Meister im Aufspüren von Duftmolekülen und deren Quelle (weibliche Pheromone). Die Auffächerung der Fühler bewirkt, dass die Oberfläche (= Kontaktfläche zu den Molekülen) um ein Vielfaches vergrößert wird. Die kleinen Härchen, die auf den Fühlern zu sehen sind, sind die eigentlichen Rezeptoren.

P. Berg **Sinnesleistungen von Schlangen** www.schlangeninfos.de/schlangen/sinne.htm
Ärzte Zeitung **100 000 Tote durch Schlangen**
www.aerztezeitung.de/medizin/krankheiten/skelett_und_weichteilkrankheiten/article/601418/jedes-jahr-100-000-tote-durch-schlangen.html

Im Schnitt der Sehstrahlen

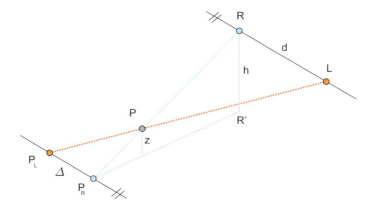

3D-Bilder sind immer wieder ein Thema, wenngleich sich z. B. 3D-Fernsehen bis jetzt noch nicht durchgesetzt hat. Dazu braucht man zwei Abbildungen des Raums aus unterschiedlichen Positionen L und R (siehe Skizze). Geometrisch gesehen kommt es darauf an, die zwei Sehstrahlen durch entsprechende Bildpunkte P_L und P_R im Raum zum Schnitt zu bringen. Die einzige Bedingung dafür ist, dass LR parallel zu $P_L P_R$ ist.

Berechnen wir die Höhe z des virtuell im Raum entstandenen Punkts P bei gegebenen Abständen d und Δ und der Augenhöhe h. Mit dem Strahlensatz gilt $(h - z) / h = RP / RP_R = d / (d + \Delta)$, woraus $z = h \Delta / (d + \Delta)$ folgt. Die Punkthöhe z ist somit i. W. nur vom Abstand der Bildpunkte abhängig, egal wo sich das Punktepaar befindet. Eine Änderung der Augenhöhe bewirkt nur eine Streckung oder Stauchung in der z-Richtung, ändert also das Bild nicht wesentlich.

Im Prinzip funktioniert die Sache also recht unkompliziert. Versuchen Sie einmal, sich über das stereografisch fotografierte Bild eines (!) Auges zu beugen. Wenn Sie ein bisschen schielen, taucht in der Mitte das Auge dreidimensional auf. Um das Schielen zu verhindern, kann man mit einem Spiegel arbeiten (rechte Seite). Das linke, an der Bildvertikalen gespiegelte Foto wird „eingespiegelt" und übernimmt dann wie eingezeichnet die erforderliche Position. Das funktioniert sehr gut!

51

W. Wunderlich **Darstellende Geometrie II** BMI-Hochschultaschenbücher Bd. 133/133a, Mannheim 1967

Natürlicher Eindruck beim Foto

Betrachten Sie das Bild auf der Doppelseite bitte einmal zentriert aus möglichst geringer Entfernung (da hilft mit zunehmendem Alter nur mehr eine Lesebrille!) und ein zweites Mal mit ausgestreckten Armen. Beim ersten Versuch müssen Sie schon mit dem Kopf schwenken oder zumindest die Augen rollen, wenn Sie alle Details des abgebildeten Markusplatzes in Venedig erfassen wollen. Dabei erscheinen Ihnen die doch starken Verzerrungen gar nicht so extrem, eigentlich sogar „normal". Aus größerer Distanz erscheint die Szene ein bisschen unnatürlich – obwohl wir über Jahre und Jahrzehnte darauf konditioniert sind, Fotos auch aus ungünstigen Blickwinkeln richtig zu interpretieren.

Stellen Sie sich nun vor, das Foto wäre bei einer Venedig-Ausstellung in extremer Vergrößerung auf einer 20 m^2 Wand angebracht und Sie stünden gezwungenermaßen nur zwei Meter davor. Wieder müssten Sie den Kopf schwenken, um die Details zu erfassen, aber der Eindruck wäre schon beachtlich – und natürlich! Klarerweise wäre es am besten, Sie stünden knapp vor Sonnenaufgang am Markusplatz und würden den Kopf schwenken, um alles zu erfassen, aber manchmal geht das eben nicht so einfach. Deshalb sollte ein Fotograf vor der Wahl des Standpunkts überlegen, welche Relativposition der Betrachter des Fotos haben wird.

G. Glaeser **Extreme and Subjective Perspectives** http://sodwana.uni-ak.ac.at/dld/extreme.pdf

Quader oder Pyramidenstumpf?

In Fußgängerzonen findet man manchmal durchaus begabte Straßenmaler, die verwirrende Perspektiven auf den Boden malen. Fotografiert man diese dann zusammen mit dreidimensionalen Objekten oder Personen, ergibt das oft skurrile Zusammenhänge.

Das große Bild auf der linken Seite zeigt einen vergleichbaren Scherz: Ein Lastwagen scheint eine riskante Fracht zu transportieren. Allerdings kann da etwas nicht stimmen. Auch wenn alles sehr realistisch aussieht, müsste doch der Laderaum schräg nach vorn gehen oder zumindest pyramidenförmig sein. Beabsichtigt wurde bei der Fotomontage wohl der Effekt, den man hat, wenn man genau hinter dem Lastwagen fährt.

Jetzt stimmt die Perspektive insofern, als ein nicht allzu hoch sitzender PKW-Fahrer (Augenhöhe in Höhe des Horizonts h, Normalprojektion des Auges im Hauptpunkt H) absolut nicht mehr zwischen Realität und Fiktion unterscheiden kann (entzerrtes Foto mitte links).

Die Computersimulation links oben zeigt, dass es tatsächlich möglich wäre, einen verzerrten Laderaum wie im Foto zu sehen, wobei dieser die Form eines Pyramidenstumpfs haben müsste. Das Bild unten zeigt die Position des Linsenzentrums Z, die zur darüber liegenden Ansicht geführt hat.

Mit anderen Worten: Aus der Position Z kann der Beobachter nicht entscheiden, ob er ein Foto sieht oder einen dreidimensionalen pyramidenstumpf-förmigen Laderaum.

Solche „Pseudo-Räume" in Form von Pyramidenstümpfen haben eine wichtige Anwendung im Kulissenbau: Im Theater oder der Oper werden oft scheinbar lange Räume dargestellt, die eigentlich auf der Bühne gar keinen Platz hätten. Indem man den Raum als Pyramidenstumpf zimmert, haben zumindest Theaterbesucher an gewissen Plätzen eine sehr gute Illusion vor sich und können den Trick realitätsnah genießen.

 J. Beever **Straßenmalerei** http://users.skynet.be/J.Beever/pave.htm
Wikipedia **Anamorphose** http://de.wikipedia.org/wiki/Anamorphose
Volksapotheke Schaffhausen **Trompe-l'oeil**
http://www.volksapothekeschaffhausen.ch/Kunst%20Trompe%20l%20oeil.html

Impossibles

Ein „Impossible" ist ein Objekt, das einen Widerspruch in sich trägt, was sie Sichtbarkeit der einzelnen Bausteine anbelangt. Ein klassisches Beispiel dafür ist im Bild links zu sehen. Das Bild daneben zeigt, dass es tatsächlich ein räumliches Objekt gibt, welches – aus genau definierter Position des Betrachters, so aussieht. Voraussetzung ist, dass die Szene gleichmäßig diffus ausgeleuchtet ist und es keine Schlagschatten gibt.

Die Frage ist, ob man tatsächlich ein solcherart gebautes Objekt so fotografieren könnte, dass der Betrachter keine Chance hätte, den Fehler zu bemerken. Dazu müssen wir uns im Klaren sein, dass man eine geometrisch perfekte Normalprojektion fotografisch nicht simulieren kann. Verwendet man ein extremes Teleobjektiv (Brennweite jenseits von 1000 mm), kommt die entstehende Perspektive recht gut an die Normalprojektion heran.

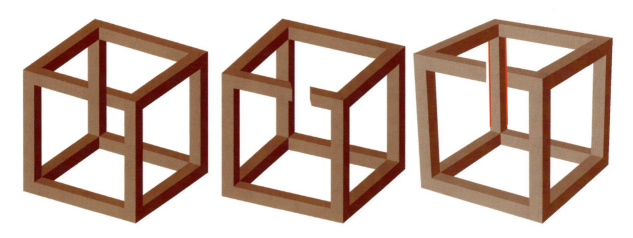

Das Bild rechts zeigt, wie das aus Quadern zusammengezimmerte Objekt auf einem Foto, also perspektivisch verzerrt, aussieht: Insbesondere erscheinen die Quader, welche die vorderen Kanten bilden, größer als jene im Hintergrund. Wenn wir die erforderlichen Einschnitte in die obere Kante insofern „nachjustieren", als sie von Ebenen durch das Linsenzentrum und die grün eingezeichneten Kanten des hintersten Quaders ausgeschnitten werden, dann klafft zumindest keine Lücke.

Die Größenunterschiede sind allerdings ohne eine echte Deformierung der Quader nicht wegzubekommen, sodass man der Täuschung durch genaue Untersuchung jedenfalls auf die Schliche kommt. Wie dieses „Deformieren" der Quader zu geschehen hätte, wurde auf S. 54 angedeutet. Es handelt sich um eine sogenannte „Ela-

tion", die generell in der Fotografie eine wichtige Rolle spielt. Sieht man auf dem Foto scharfe Trennungen, ist das Impossible schnell entzaubert. Das gilt auch für unser zweites Beispiel (siehe Internet-Link), das wir nun genauer unter die Lupe nehmen wollen.

Betrachten wir einen Würfel so, dass eine Raumdiagonale als Punkt erscheint. Im Fall einer Normalprojektion kommt dann ein sehr regelmäßiges Gebilde heraus (die Projektionen der Kanten bilden ein regelmäßiges Sechseck).

Nun gruppieren wir um drei Würfelkanten wie im Bild oben links Würfel, die in Summe drei quadratische Stäbe bilden, die bei der speziellen Ansicht eine Art „windschiefes Dreieck" bilden. Nun lassen wir das ober-

WIKIPEDIA **M. C. Escher** http://en.wikipedia.org/wiki/M._C._Escher
M. O. ILLUSIONS **Impossible aus Spielwürfeln** www.moillusions.com/2007/05/impossible-dices-triangle-illusion.html

ste Würfelchen weg und nehmen vom nächsten nur genau die Hälfte (Bild unten links). In der Normalprojektion erscheint das Gebilde nun geschlossen, allerdings verwirrend: Die Sichtbarkeit scheint nicht zu stimmen (Bild links unten).

Der Widerspruch löst sich sofort auf, wenn wir das Objekt nicht mehr genau in Richtung Raumdiagonale betrachten. Zur besseren Illustration wurde das Ganze mit Pokerwürfeln nachgestellt und mit einem extremen Teleobjektiv mit ca. 1000 mm Brennweite fotografiert.

Bei genauerer Untersuchung sieht man allerdings, dass der oberste (halbe) Würfel etwas größer ist als der hinterste, weil eben keine exakte Normalprojektion vorliegt.

Der oberste Würfel ist zersägt!

4 Astronomisches Sehen

Phänomen Sonnenuntergang

Sonnenuntergänge und Sonnenaufgänge sind für Flachland- oder Küstenbewohner ein gewohnter Anblick – und doch jedesmal anders und immer wieder faszinierend. Wann bezeichnet man die Sonne als „untergegangen"? Wohl dann, wenn auch der letzte Anteil der Sonnenscheibe „versunken" ist.

Die letzte Minute (Bildserie in der Mitte) ist besonders spannend: Aus der kreisförmigen Scheibe wird eine ovale (nicht zwingend symmetrisch). Die Farbveränderungen sind oft dramatisch, selten kommt es zum so genannten Greenflash. In jedem Fall sieht man die Sonne „um die Kurve": Sie müsste theoretisch nämlich schon längst unter den Horizont gewandert sein. Das flach einfallende Sonnenlicht wird an der Atmosphäre besonders stark in die Spektralfarben aufgefächert. Blau wird am stärksten gebrochen, gleichzeitig aber wegen der kürzeren Wellenlänge ungleich mehr gestreut und „verliert sich am Himmel".

Die Rot- und Gelbtöne schaffen es am ehesten zum Betrachter, wobei sie alle möglichen Hindernisse zu erwarten haben: Die Wahrscheinlichkeit, von einer sehr weit entfernten Wolke verdeckt zu werden, wächst „tangensmäßig" an (siehe Skizze oben). Dabei kann es durchaus passieren, dass das Licht verschieden warme oder feuchte – und damit verschieden dichte – Luftschichten durchqueren muss und dabei durch kontinuierliche leichte Brechung seltsam gekrümmt wird (großes Bild links).

ⓘ A. T. Young **Explaining Green Flashes** http://mintaka.sdsu.edu/GF/explain/explain.html

Phänomen Sonnenfinsternis

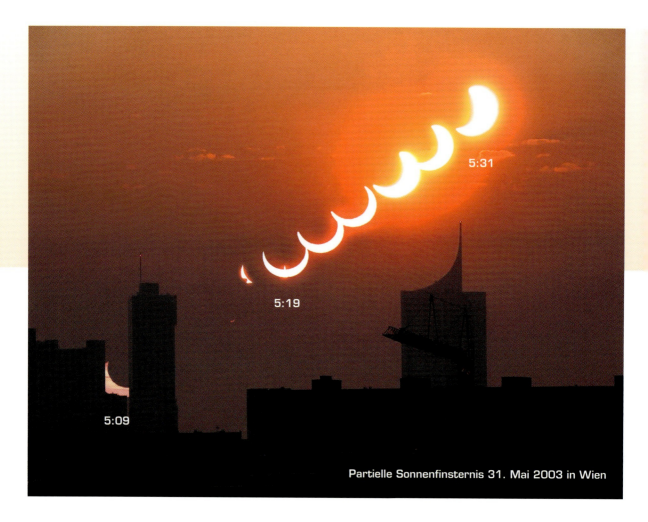

Partielle Sonnenfinsternis 31. Mai 2003 in Wien

Die Tatsache, dass Sonne und Mond nahezu denselben scheinbaren Umriss-Durchmesser haben, führt immer wieder zu partiellen, selten auch zu totalen Sonnenfinsternissen. Wenn die Mondumlaufbahn (alle 9 Jahre) gerade wieder einmal in derselben Ebene liegt wie die Erdumlaufbahn, ist die Wahrscheinlichkeit für eine Sonnenfinsternis am größten. Das Ereignis kann aber auch zwischendurch auftreten, nämlich dann, wenn die Schnittgerade der Trägerebenen zur Zeit des Neumonds durch die Sonne geht. Eine Analyse der Bilderserie, die an jenem 31. Mai 2003 (mit einer damals teuren 5-Mega-Pixel-Kamera) gemacht wurden, fiel durchaus interessant aus: Die ersten Bilder (05:09 bis 05:19) waren wegen des dazwischenstehenden Hochhauses und Dunstwolken am Horizont nahezu unbrauchbar, ab 05:22 war die Sonne bereits so stark, dass sie am Chip zunehmend Artefakte erzeugte. Die auf der nächsten Seite abgebildeten drei Fotos hingegen konnten miteinander verglichen werden. Dabei stellte sich Folgendes heraus …

 S. Krause **Wann ist die nächste Sonnenfinsternis?** www.sonnenfinsternis.org/wann.htm

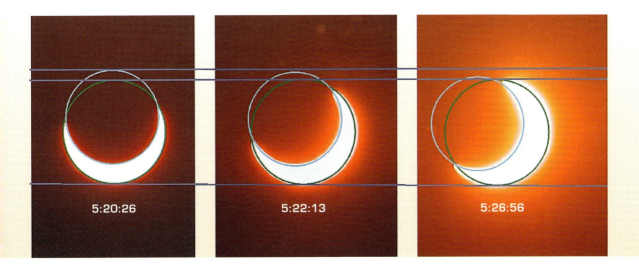

1. Sämtliche Kugelumrisse waren elliptisch abgeplattet, sodass die Bilder „gestreckt" werden mussten, bis der Umriss kreisförmig war. Dieser Effekt lässt sich mit Lichtbrechung erklären (s. S. 60).

2. Der Durchmesser des Monds am Firmament war an diesem Tag deutlich kleiner als jener der Sonne (ca. 90%). Der Abstand des Monds von der Erde muss also größer als der durchschnittliche 384400 km-Abstand gewesen sein (aber auch bei „Sonnengröße" wäre es nicht zu einer Totalfinsternis gekommen).

3. Der Mond verliert gegenüber der Sonne im Lauf der Minuten an Höhe. Das war zu erwarten, denn der Mond dreht sich langsamer als Sonne und Sterne um die Erdachse (s. S. 72).

4. Der Mond „driftet nach links ab", was bedeutet, dass die Mondbahn an diesem Tag steiler als die Sonnenbahn wurde. Dies ist keineswegs trivial und könnte – insbesondere im Sommerhalbjahr, auch umgekehrt sein, hängt aber von vielen Faktoren ab, z. B. von der Neigung der Mondbahnebene zur Ekliptik.

Das untere Bild zeigt einen interessanten Effekt, der bei Sonnenfinsternissen auftritt: Das durch das Laub der Blätter dringende Licht erzeugt am Boden sichelförmige Muster (es ist der Asphaltboden der Wiener Ringstraße bei der Sonnenfinsternis am 11. 8. 1999 um 12:55 abgebildet). Es handelt sich wohl um „Lochkamerabilder" der gerade noch zu sehenden Sonnensichel.

Wenn die Sonne tief steht

Betrachten wir die beiden Bilder auf der rechten Seite: Was für ein Unterschied in der Reflexion der Sonne! Ein Fotograf mutmaßt zurecht: Im linken Bild wurde ein Polarisationsfilter verwendet, und das Wasser des Bergsees war zusätzlich spiegelglatt. Große Wasserflächen sind selten dermaßen ruhig und es kommt immer zu Wellenbildungen.

In der Computersimulation rechts wurden Sinusschwingungen überlagert und auf die so entstandene Oberfläche ein „Rendering" (bei hohem Reflexionsgrad und Gegensonne) angewendet: In jedem Punkt der Fläche gibt es eine Normale, welche zusammen mit dem Sonnenpunkt die Reflexionsebene festlegt. Geht diese Ebene einigermaßen durchs Linsenzentrum und bildet der reflektierte Lichtstrahl einen kleinen Winkel mit dem Sehstrahl, tritt ein Glanzpunkt auf. In der Fotografie unten sieht man die Sonne in Tausend Glanzpunkten in der gekräuselten Wasserfläche.

O. Vornberger **Beleuchtung** http://www-lehre.inf.uos.de/~cg/2010/PDF/kap-18.pdf
Wikipedia **Reflexion** http://de.wikipedia.org/wiki/Reflexion_(Physik)

Fata Morgana

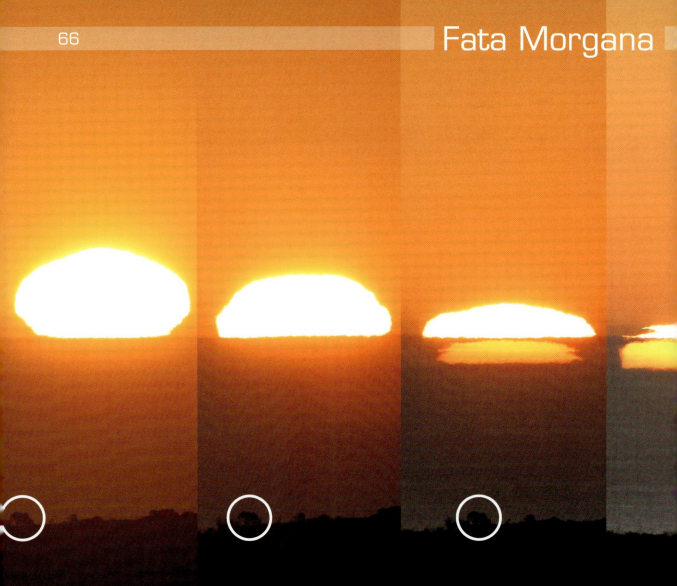

Sonnenuntergänge am Meer sind immer etwas Besonderes. Der hier abgebildete verdient jedoch eine Doppelseite. Die beiden linken Bilder bieten noch einen gewohnten Anblick. Beim dritten Bild von links kommt so etwas wie eine Spiegelung hinzu, allerdings nimmt diese in den weiteren Bildern skurrile Formen an, während die Sonne bereits vollends untergegangen ist.

Eine Fata Morgana ist eine durch Ablenkung des Lichtes an unterschiedlich warmen Luftschichten entstehende optische Täuschung. Die Sonne sollte schon Minuten vorher von der Bildfläche verschwunden sein. Der kurzwellige Blauanteil des Lichts ist wegen des flachen Einfallswinkels völlig von der Atmosphäre absorbiert, der langwelligere Rotanteil schafft es irgendwie um die Kurve. Was aber ist mit der Spiegelung los?

Die Glanzpunkte sind nicht unendlich weit weg sondern liegen auf der Wasseroberfläche, und zwar wegen der Erdkrümmung gar nicht allzu weit weg (man kann ja je

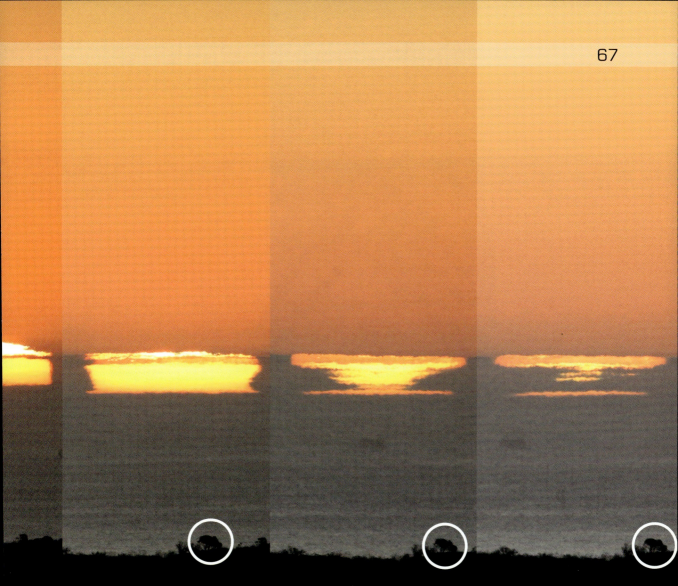

nach Standpunkthöhe nur wenige Kilometer bis maximal – bei klarer Sicht – 100 km weit sehen).

Nun zu den Bildern rechts: Die Sonne ist wenige Sekunden vorher völlig untergegangen, aber ein Fischer weit draußen am Meer kann sie noch sehen. Jene Strahlen, die beim Fischer auf die Meeresoberfläche treffen, werden reflektiert und gelangen irgendwie noch bis zu uns – womöglich wegen unterschiedlicher Temperaturverhältnisse wieder einmal ein bisschen gekrümmt.

Die Serie entstand am Kap der guten Hoffnung. Es war Ende Februar, wo auf der Nordhalbkugel die Sonne in Richtung WNW untergeht, und zwar im Uhrzeigersinn.

Auf der südlichen Halbkugel geht die Sonne am selben Tag im WSW und gegen den Uhrzeigersinn unter. Man beachte den eingekreisten Baum: Er wandert im Lauf der 3,5 Minuten einen Sonnendurchmesser nach rechts.

Wikipedia **Fata Morgana** http://de.wikipedia.org/wiki/Fata_Morgana

Der Skarabäus und die Sonne

Abflug mit der Sonne im Rücken. Man beachte die Spiegelung im und den symmetrischen Schatten auf das silbergraue Autodach (siehe auch rechtes Bild auf der rechten Seite).

Der Skarabäus (Pillendreher) formt aus Dung kugelförmige Ballen, die er statistisch bevorzugt in Richtung Sonne rollt (Bild links). Die Bällchen sind Futter für die Larven. Im alten Ägypten brachte man diesen Vorgang mit dem Lauf der Sonne am Firmament in Verbindung. Dementsprechend wurde das Tier göttlich verehrt.

Die Käfer sind wahre Kraftprotze und gleichzeitig effiziente Flieger, die (wie die Rosenkäfer) die Flügel ansatzlos ohne Öffnen der Flügeldecken verwenden.

Dennoch waren die beiden Fotos relativ leicht zu machen: Egal, wie man den Käfer aufs Autodach setzte und zu dirigieren versuchte, er drehte sich mit dem Rücken zur Sonne und flog in immer gleichem Winkel ab. Das Tier orientiert sich offensichtlich durchaus am Stand der Sonne, so wie viele andere Insekten auch, etwa Ameisen und Bienen.

A. Semling **Skarabäus** www.mein-altaegypten.de/internet/tiere/skarabaeus.html

Satz vom rechten Winkel

Kräne haben ein senkrechtes Standbein und eine waagrechte Schiene. Im extrem perspektivischen Bild der Sagrada Familia (Barcelona) sieht man den rechten Winkel niemals in wahrer Größe, bei der Tele-Aufnahme sehr wohl. Welche Bedingungen müssen erfüllt sein, dass der rechte Winkel im Foto als solcher erkennbar ist?

Umgekehrt: Angenommen, die zwei Stäbe oder Kanten würden im Foto einen planimetrischen rechten Winkel bilden: Unter welchen Bedingungen könnte man daraus folgern, dass auch im Raum ein rechter Winkel vorliegt?

 HTBLVA Graz-Ortweinschule **Normalriss eines rechten Winkels** Quelle

Die Antwort ist im allgemeinen Fall ernüchternd: Außer wenn der rechte Winkel in einer Frontalebene parallel zur Bildebene liegt (Foto links oben), kann man ohne Zusatzwissen in einer allgemeinen Perspektive wenig über Winkel aussagen.

Deutlich einfacher wird die Sache, wenn wir statt einer Perspektive eine Normalprojektion betrachten. Denn dort gilt der Satz vom rechten Winkel: „Ein rechter Winkel erscheint genau dann im Bild als rechter Winkel, wenn mindestens einer seiner Schenkel parallel zur Bildebene ist".

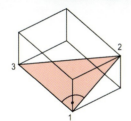 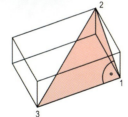 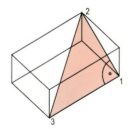

So ist bei den drei Parallelprojektionen von Quadern in der Skizze das im Raum rechtwinklige Dreieck 123 auf nicht-triviale Weise auch im Bild rechtwinklig, weil die Kathete 12 parallel zur Bildebene gewählt wurde.

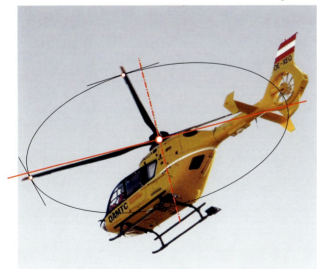

Normalprojektionen können fotografisch gut durch extreme Tele-Aufnahmen angenähert werden (Bild links unten). Auch dort gilt dann der Satz in guter Näherung. Die Rotorblätter des Hubschraubers sind im Bild demnach genau dann orthogonal zueinander, wenn ein Rotorblatt parallel zur Sensorebene liegt. Durch Einschätzen der Bahnellipse bzw. deren Achsen findet man diese Position. Gleichzeitig ist nach dem Satz vom rechten Winkel die Nebenachse auch das Bild der Rotorachse.

Wann beginnt der Frühling?

Die Frühlingsknotenblume (Leucojum vernum L.) ist eine der ersten Frühlingsboten und blüht zumeist recht genau bei Frühlingsbeginn. Diese Datumsbestimmung ist natürlich viel zu ungenau. Frühlingsbeginn und Herbstbeginn sind „Tagnachtgleichen".

Im Jahr 2007 begann der Frühling (bzw. auf der südlichen Halbkugel der Herbst) am 21. März 1:07 MEZ. In den Jahren 2012 bis 2020 wird der Beginn immer am 20. März sein. Wie kann man das auf die Minute genau sagen?

Die Ebene, in welcher sich der Äquator unserer Erde befindet, schneidet die Bahnebene der Erde (Ekliptik) in einer Geraden, die i. Allg. nicht die Sonne enthält. Wenn dies jedoch im März das erste Mal der Fall ist, nennt man die Schnittgerade Frühlingsknotenlinie.

Der Zeitpunkt ist minutengenau definiert. An diesem Tag steht die Sonne zu Mittag senkrecht über dem Äquator, und die Eigenschattengrenze der Erde geht durch die Pole: Der Tag ist überall auf der Erde 12 Stunden lang!

Eine andere geometrische Definition ist kürzer: Der Frühling (Herbst) beginnt, wenn die Sonnenstrahlen mit der Erdachse einen rechten Winkel bilden. Dies erlaubt eine einfache Konstruktion des Frühlingsbeginns: Nach dem Satz vom rechten Winkel (s. S. 70) erscheint der gesuchte rechte Winkel in der Normalprojektion auf die Ekliptik in wahrer Größe. Im darunterliegenden Bild ist die zugehörige Konstruktion schematisch dargestellt, wobei die elliptische Bahn der Erde stark überzeichnet ist, damit man das Wesentliche erkennt:

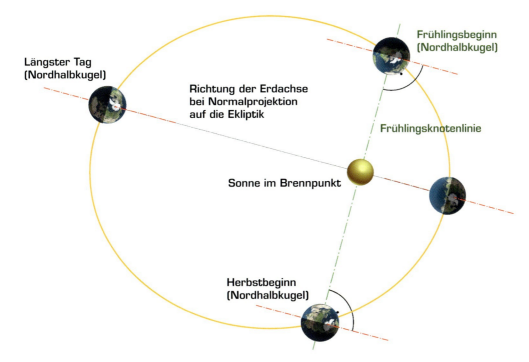

Fällt man auf die Normalprojektion der Erdachsenrichtung das Lot durch den Sonnenmittelpunkt, erhält man die beiden Punkte auf der Bahnellipse, die zu den Tagnachtgleichen gehören. Weil ein Jahr 365,24 Tage hat, schwankt der zugehörige Frühlingsbeginn leicht. Die Erdachse dreht sich im Lauf von 25800 Jahren einmal um die Normale der Ekliptik. Die Frühlingsknotenlinie dreht sich im selben Zeitraum einmal um die Sonne.

Ostern fällt übrigens laut Definition auf jenen Sonntag, der auf den ersten Vollmond im Frühling folgt. Weil nun eine volle Mondphase 29,53 Tage dauert, passen 12,37 Mondphasen in ein Jahr. Deshalb verschiebt sich das Osterdatum sprunghaft von Jahr zu Jahr.

WIKIPEDIA **Frühlings-Knotenblume** http://de.wikipedia.org/wiki/Frühlings-Knotenblume
O. PRAXL **Zeitrechnung** http://www.praxelius.de/astro/zeitrech.htm

Die „falsche" Mondneigung

Die Symmetrieachse der Mondsichel zeigt schräg nach oben, obwohl die Sonne schon fast am Horizont angelangt ist. Dieses Phänomen wird immer wieder auf Internet-Foren beschrieben und diskutiert. Erscheinen denn die Lichtstrahlen am Horizont gekrümmt? Bei Großaufnahmen des Monds liegt annähernd eine Normalprojektion vor. Dort gilt nach dem Satz vom rechten Winkel: Die Symmetrieachse der Sichel verläuft in Richtung der *Normalprojektion* der Sonnenstrahlen.

Die schematische Zeichnung soll dies verdeutlichen: Der Sonnenstrahl s wird auf die Bildebene (Sensorebene) normal projiziert (s^n). Obwohl s waagrecht angenommen wurde (Sonnenuntergang), verläuft s^n schräg nach oben. Dieselbe Neigung der Symmetrieachse stellt sich für jene Sonnenrichtung ein, die in der von s und s^n festgelegten Ebene liegt.

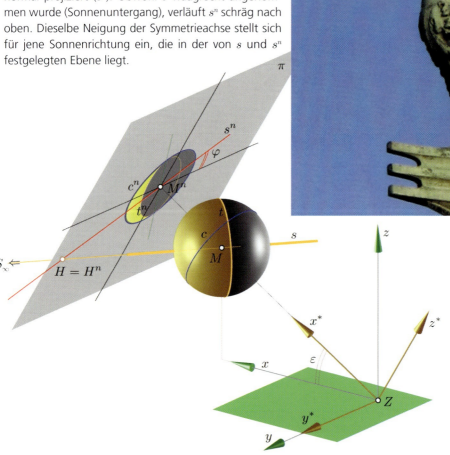

 G. Glaeser, K. H. Schott **Geom. considerations about the seemingly wrong tilt of the crescent moon**
KOG13, 19-26, 2009

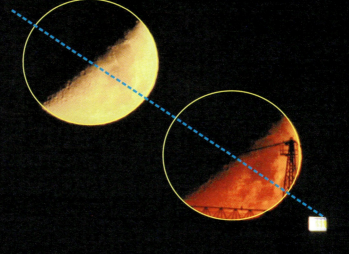

Der Halbmond geht über der Großstadt unter. Wie man sieht, stimmt die Richtung der Symmetrieachse der Mondsichel nicht mit der Bahntangente der Mondbahn überein (Mond- und Sonnenbahn sind – außer bei Neumond – unterschiedlich geneigt). Der Mondumriss ist bereits leicht elliptisch verzerrt, die Rottöne nehmen wie beim Sonnenuntergang minütlich zu.

Der Mond bewegt sich relativ gesehen etwas langsamer als die übrigen Gestirne um die Erde, denn er verliert wegen der etwa vierwöchigen Umdrehungsdauer um die Erde täglich etwa 50 Minuten. Damit erreicht er – bei einem Durchmesser von 0,5° – eine Winkelgeschwindigkeit von 0,24° pro Minute. Daraus lässt sich abschätzen, dass die zwei zusammengesetzten Aufnahmen innerhalb von etwa 2 Minuten entstanden sind.

Die untere Aufnahme wurde nur einen Tag später gemacht. Der Mond steht weit über der „Maria am Gestade-Kirche" und schickt sich an, eine halbe Stunde später hinter dem Rathaus zu verschwinden.

Die Sonne im Zenit

Die Sonne steht auch am Äquator keineswegs täglich im Zenit, sondern nur zu den Tagnachtgleichen (21. März und 23. September). Innerhalb der Wendekreise (geografische Breite $\varphi = \pm 23{,}44°$) findet das Ereignis ebenfalls zweimal statt, am nördlichen Wendekreis (z. B. in Asuan, Kuba oder Taiwan) bzw. südlichen Wendekreis (z. B. in Rio de Janeiro) genau einmal.

Die Computerzeichnung rechts illustriert den Ort aller möglichen Sonnenpositionen im Lauf des Jahres für einen Ort mit $\varphi = 20°$ nördlicher Breite. Wenn der Winkel σ zwischen Sonnenstrahlen und (rot strichpunktiert eingezeichneter) Erdachse zusammen mit φ einen rechten Winkel ergibt, klettert die Sonne in den Zenit.

Das Bild auf der rechten Seite wurde auf der Insel Bunaken (Nord-Sulawesi, Indonesien, 1,5° n. Br. und 125° ö. L., siehe Google Earth Bild ganz unten) am 20. September 11:40 aufgenommen. Nachdem sich die Ortszeit am 120. Längengrad orientiert, war genau Sonnenhöchststand und 3 Tage vor der Tagnachtgleiche war die Bedingung $\varphi + \sigma = 90°$ erfüllt.

Das Mädchen war sich der Besonderheit der Situation bewusst und experimentierte mit der Schattenlänge des Stabs. Auch wenn nur minimale Schatten vorhanden sind: Vom fotografischen Standpunkt aus ist so eine Lichtsituation denkbar ungünstig.

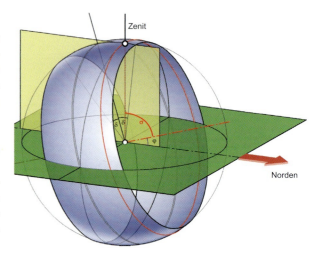

WIKIPEDIA **Wendekreis (Breitenkreis)** http://de.wikipedia.org/wiki/Wendekreis_(Breitenkreis)
J. GIESEN **Jahreszeiten** http://www.jgiesen.de/ErdeSonne/projekte/jahreszeiten.html
A. KÖHNE, M. WOSSNER **Die Mittagsmethode** http://www.kowoma.de/gps/astronav/breite_mittagsmethode.htm

Der südliche Sternenhimmel

Der Mond und Sternbilder wie der Orion stehen auf der südlichen Halbkugel Kopf (genau genommen stehen natürlich wir Kopf). Schauen wir in Richtung Sonne oder Mond, so ändert sich der Umdrehungssinn, d. h., die Sonne scheint sich nicht im Uhrzeigersinn zu drehen, sondern dagegen. Sie geht aber wie überall irgendwo in östlicher Richtung auf und westlicher Richtung unter (genau im Osten bzw. Westen geht sie – weltweit – nur zu den Tagnachtgleichen auf bzw. unter).

Die Aufnahme stammt vom südlichen Kap (Simons Town). Der Mond ist abnehmend (!) und steigt nach links oben, die Sonne ist vor ca. 1,5 Stunden rechts hinter dem Betrachter untergegangen.

Hier sehen Sie zwei weitere Nacht-Aufnahmen beim Kap der guten Hoffnung (geografische Breite $\varphi = 34°$ s. Br.). Will man den südlichen Himmelspol aufsuchen, so findet man ihn unter dem Höhenwinkel φ. Auffällig ist das Kreuz des Südens (crux), das in seiner 4 bis 5-fachen Verlängerung einigermaßen zum Fixpunkt zeigt (analog zur Verlängerung der Vorderachse des großen Wagen auf der nördlichen Halbkugel). Blickt man zum südlichen Himmelspol, dreht sich der Himmel wie gewohnt gegen den Uhrzeigersinn.

Crux ist Bestandteil vieler Flaggen von Nationen der südlichen Halbkugel (etwa der australischen Flagge). In beiden Fällen wurde mit einem 22 mm Weitwinkelobjektiv fotografiert. Links ist crux relativ im Bildzentrum und daher perspektivisch kaum verzerrt, rechts am Bildrand und daher langgestreckt. Das Verlängern in einem solchen Foto mit einem vorgegebenen Faktor muss daher mit Vorsicht geschehen. Die Standposition ist nur in etwa die gleiche. Man sieht, wie sich die Milchstraße, in der die Sterne des crux ja liegen, mitgedreht hat.

WIKIPEDIA **Kreuz des Südens** http://de.wikipedia.org/wiki/Kreuz_des_Südens

5 Schraubung und Spiralung

Wendelflächen

Verschraubt man eine Gerade, welche die Schraubachse senkrecht trifft, überstreicht diese eine Wendelfläche. Auf dieser Doppelseite sind verschiedene technische Anwendungen der Fläche zu sehen, insbesondere auch die auf Archimedes zurückgehende Wasserspirale.

GRG15 Diefenbachgasse **Schraublinien, -Torsen und -Flächen**
http://geometrie.diefenbach.at/DrehSchrSpir/Schraubung/Texte/schraubung1.pdf

Schub oder Hub?

Mithilfe technischer Geräte, die sich mathematisch-geometrische Erkenntnisse zunutze machen, kann man sich in den zwei Fluiden, die für uns omnipräsent sind, nahezu frei herumbewegen. Im Wasser, das ja 1000 Mal dichter als Luft ist, sind die Bewegungen langsamer und Druckunterschiede und Verwirbelungen leichter erkenntlich als in Luft.

Zum Vor- und Rückwärtsbewegen nutzt man die Schraubbewegung aus, die definiert ist als Zusammensetzung einer Drehung um eine Achse und einer gleichzeitigen proportionalen Schiebung längs derselben Achse.

Mit mathematischen Methoden kann man nicht nur die optimale Schaufelrad-Form ermitteln, sondern auch entstehende Wirbel gut simulieren.

Bei Hubschraubern (Bild oben), Schiffen usw. wird Rotation in Hub bzw. Schub umgewandelt. Umgekehrt wandeln Turbinen (Bild unten) und Windräder Schub in Drehung und damit Wechselstrom um.

WIKIPEDIA **Kaplan-Turbine** http://de.wikipedia.org/wiki/Kaplan-Turbine
WIKIPEDIA **Hubschrauber** http://de.wikipedia.org/wiki/Hubschrauber
F. FLEISSNER **Strömungssimulationen** http://www.holf.de/work/fluidSim_de.html

Faszination Spirale

Die logarithmische Spirale gehört zum Schönsten, was Natur und Mathematik uns zu bieten haben. Ihre Polargleichung könnte einfacher nicht sein:

$$r = a^u$$

Das bedeutet, dass der Abstand vom Zentrum exponentiell vom Drehwinkel u abhängt. Die Konstante a entscheidet noch, wie schnell diese Änderung vor sich geht. Für $a = 1$ liegt ein Kreis vor. Inspiriert von der Spirale hat Antoni Gaudi in der Casa Batlló Deckenlicht in wunderbarer Weise im Zentrum von Spiralen angeordnet.

Der Kurswinkel φ der Spirale zu den Radialstrahlen auf der rechten Seite ist konstant. Wenn Schmetterlinge oder andere Fluginsekten geradeaus fliegen wollen, verwenden sie (mithilfe der Komplexaugen) einen konstanten Kurswinkel zum Sonnen- oder Mondlicht. Künstliche Lichtquellen sind in ihrer Navigation nicht vorgesehen. Gelangt das Insekt in den „Einzugsbereich" einer Laterne, schwirrt es auf einer Spirale auf die Lichtquelle zu.

A. Gaudi **Casa Batllo** www.casabatllo.es
A. Schorsch **Schmetterlingsflug** www.n-tv.de/wissen/frageantwort/Warum-fliegen-Insekten-zum-Licht-article47377.html
How Stuff Works **Why are moths attracted to light?** http://animals.howstuffworks.com/insects/question675.htm

Durch Spiegelung zum König

Nur in der Simulation ein Schneckenkönig

Betrachtet man ein Schneckenhaus von oben, dann windet es sich vom Ausgang her gegen den Uhrzeigersinn (also im mathematisch positiven Sinn) immer kleiner werdend bis zu einem „Ausgangspunkt". Bei 1 von 10000 oder gar von 1 Million Schnecken ist die Drehrichtung umgekehrt: Der stolze Finder bezeichnet dann eine solche Schnecke als „Schneckenkönig".

Schneckenhäuser lassen sich recht einfach mit dem Computer zeichnen: Sie wachsen exponentiell zum Drehwinkel. Für Interessierte folgt die Parameterdarstellung einer Bahnkurve. Dabei bezeichnet u den Drehwinkel, a ist ein Maß für die Vergrößerung und b ein Maß für die Öffnung des umschriebenen Kegels:

$$x = a^u \cdot \cos u, \ y = a^u \cdot \sin u, \ z = b \cdot a^u$$

Betrachten wir nun die beiden „Weihnachtsbäumchen" (Spirobranchus giganteus, kleine Röhrenwürmer auf einem Korallenstock): Die Computersimulation darunter zeigt, dass es sich bei beiden Bäumchen recht genau um eine Spiralfläche handelt. Das linke Würmchen ist allerdings spiegelsymmetrisch zum rechten und damit ein „Wurmkönig".

WIKIPEDIA **Weihnachtsbaumwurm** http://de.wikipedia.org/wiki/Weihnachtsbaumwurm
AUTOR **Schneckenkönig** www.weichtiere.at/Schnecken/land/weinberg/seiten/schneckenkoenig.html

Helispiralen

Was haben die drei Fotos auf dieser Doppelseite miteinander zu tun? Die „Schnecke" am Cello und die Hörner des Mufflon bzw. der Schraubenziege gehorchen ein und derselben Vorschrift: „Verschraube dich um eine Achse und vergrößere dich dabei proportional zum Drehwinkel".

So eine Transformation nennt man Helispiralung – eine Mischung aus Schraubung und klassischer Spiralung. Dementsprechend können alle drei Gebilde leicht mit dem Computer simuliert werden.

G. Glaeser, H. Stachel **Open Geometry – OpenGL and Advanced Geometry** Springer New York, 1999
R. Grader **Konstruktive Behandlung von Schraub- und Spiralflächen mit CAD-Software**
www.geometrie.tuwien.ac.at/rath/student/grader/diplomarbeit_grader.pdf

Die Computerzeichnung illustriert, inwiefern die Helispirale in der Mitte diese Mischform aus Schraublinie (links) und klassischer Spirale (rechts) darstellt. Ihr Grundriss ist eine archimedische Spirale (jener der klassischen Spirale eine logarithmische Spirale). Helispiralen haben keine konstante Neigung zur Achse a und durchsetzen das Zentrum Z in einem regulären Punkt.

6 Spezielle Kurven

Die Kettenlinie

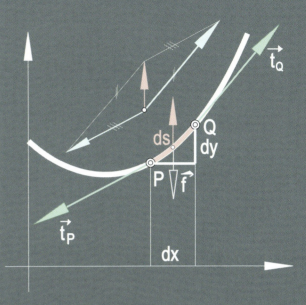

Eine „homogen schwere Kurve" (z. B. ein Seil) nimmt unter dem Einfluss der Schwerkraft eine wohldefinierte Form an, die unter dem Namen Kettenlinie bekannt ist. Alle Kettenlinien entstehen (wie auch die Parabeln, die ihnen bis zu einem gewissen Grad ähneln) durch Skalierung aus einem einzigen Prototyp mit der Gleichung:

$$y = \cosh x$$

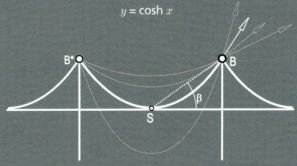

Jener Teil des Prototyps, der sich mit obiger Figur bei $\beta = 34°$ einstellt, ist am besten für Hängebrücken geeignet, weil die Seilkräfte minimal sind.

Verrazano-Brücke, New York

Invarianz bei Zentralprojektion

Eine Fotografie ist eine Zentralprojektion des Raums aus dem Zentrum des Linsensystems auf die Sensorebene (vgl. Computergrafik nächste Seite).

Geraden gehen dabei stets in Geraden über, vom „Kisseneffekt" der weniger teuren Objektive abgesehen. Gekrümmte Linien hingegen werden perspektivisch verzerrt, außer sie liegen in Ebenen normal zur optischen Achse, also parallel zur Sensorebene. Wenn die Kurve im Raum spezielle metrische Eigenschaften hat, gehen diese im Bild zumeist verloren.

In Fotos ist eine Kettenlinie i. Allg. keine Kettenlinie mehr. Dasselbe gilt für eine Parabel. Es ist also sinnlos, direkt auf einem Foto zu überprüfen, ob Antoni Gaudi tatsächlich eine umgedrehte Kettenlinie, welche optimale statische Eigenschaften aufweist, oder doch eine Parabel für seine tragenden Bögen verwendet hat (unteres Bild). Bei Kenntnis gewisser Eckdaten ist es u. U. möglich, solche ebenen Kurven zu entzerren, bei den beiden Fotos rechts wäre dies aber ein schwieriges Unterfangen.

Die Parabel hat dennoch gegenüber der Kettenlinie einen „geometrischen Vorteil": Sie gehört zu den Kegelschnitten, und diese sind die einzigen Kurven, welche eine Zentralprojektion auf eine beliebige Ebene insofern verkraften, dass in jedem Fall wieder ein Kegelschnitt als Bildkurve herauskommt. Dabei gehen Ellipsen (unter ihnen die Kreise, wie im Computerbild) mitunter in Hyperbeln oder Parabeln über und umgekehrt.

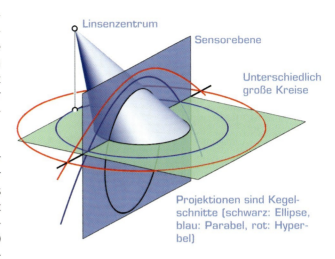

Wenn das unten abgebildete Stadion also kreis- oder ellipsenförmig angelegt ist, wird es auf dem Foto nur so von Ellipsen- und Hyperbelteilen wimmeln. Ob als Grenzfall auch die eine oder andere Parabel dabei ist, ist zwar eher unwahrscheinlich, kann aber durchaus passieren, nämlich dann, wenn ein Kreis (oder eine Ellipse) im Raum zufällig jene Normalebene zur optischen Achse berührt, die durch das Linsenzentrum geht.

WIKIPEDIA **Antoni Gaudi** http://de.wikipedia.org/wiki/Antoni_Gaudi

Faszination Parabel

Wenn man einen Drehkegel mit einer Ebene „irgendwie" schneidet, kommt im Allgemeinen eine Ellipse oder aber eine Hyperbel heraus. Wenn man ganz gezielt schneidet, erreicht man zwei deutlich seltenere Fälle: Die Kreisschnitte senkrecht zur Achse und die Parabelschnitte parallel zu einer Erzeugenden des Kegels (siehe Bild unten links auf der rechte Seite).

Wenn man einen Kegelschnitt fotografiert, kommt wieder ein Kegelschnitt heraus, in seltenen Fällen kann das Bild kreis- oder parabelförmig sein. Es gibt aber nur zwei Fälle, bei denen man sich sicher sein kann, dass exakt ein Kreis bzw. exakt eine Parabel herauskommt, nämlich wenn man einen Kreis bzw. eine Parabel frontal fotografiert. Die oben abgebildete Brücke wurde ziemlich genau frontal fotografiert. Nachdem eine Parabel über das Bild gelegt wurde, war klar: Der Bogen ist exakt parabolisch. Genau dasselbe wurde bei der unten abgebildeten Brücke gemacht – mit demselben Ergebnis.

Nun wurde die Brücke zweimal schräg fotografiert. Im Bild rechts wurde „irgendwie" fotografiert, wobei sich der Parabelbogen als Ellipse abbildet. Im Bild links wurde darauf geachtet, dass die optische Achse waagrecht war. Es lässt sich zeigen, dass das Ergebnis eine Hyperbel ist, deren linke Asymptote lotrecht ist.

Bild unten rechts: Künstlerisches Kegelschnittmodell von Oliver Niewiadomski. Zwischen den Serien von Ellipsen- bzw. Hyperbelschnitten findet sich die Parabel. In der Computerzeichnung daneben sind die Hyperbelschnitte grün, die Ellipsenschnitte blau und die Parabelschnitte rot eingezeichnet.

Parabeln sind – wie Kreise – stets zueinander ähnlich. Man kann also aus der „Einheitsparabel" durch Vergrößern oder Verkleinern jede andere Parabel erzeugen. Bild unten rechts: Je größer die Brennweite des Objektivs ist, desto mehr nähert sich die Projektion einer Normalprojektion an. Bei Normalprojektionen bleibt der Typ des Kegelschnitts erhalten. Die Normalprojektion einer Parabel ist also immer eine Parabel. Es verwundert also nicht, dass bei der Tele-Fotografie des Brückenbogens rechts die Bögen auch im Bild sehr gut durch Parabeln angenähert werden können.

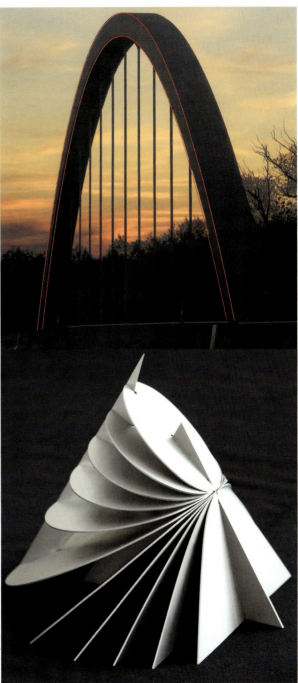

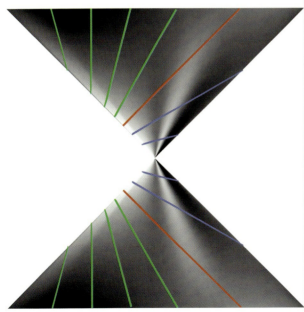

 W. Wunderlich **Darstellende Geometrie II** B.I. Hochschultaschenbücher 113/113a, 1967, S.141

Knoten

Die Knotentheorie ist ein Teilgebiet der Topologie. Sie studiert die Äquivalenz von Knoten, also die Frage, wann zwei gegebene Knoten durch eine stetige Bewegung ineinander überführt werden können. Bei der Bewegung darf das Seil eines Knotens nicht zerschnitten werden.

So einfach die Seemannsknoten aussehen mögen, bedarf es einiger Übung, die Sache auch richtig zu machen. Die Weinrebe in der Seitenmitte hat sich noch komplizierter verknotet. Die Schnitzerei aus Ghana entstand aus einem Stück, ist also nicht trennbar. Der seltsam verwundene Baum unten zeigt erst im dritten Bild, dass der Knoten weniger kompliziert ist als angenommen.

C. Livingston **Knotentheorie für Einsteiger** Vieweg Verlag, Braunschweig/Wiesbaden, 1995

Umriss-Spitzen

Ein Punkt K einer Fläche gehört der Kontur der Fläche bezüglich eines Augpunkts E an, wenn die Tangentialebene in K den Punkt E enthält (Bild unten). Die Projektion der Kontur auf die Bildebene heißt Umriss. Der Umriss der Blüte ist rot eingezeichnet. Dabei treten häufig Spitzen auf. Wie diese zustandekommen, wird auf der rechten Seite erklärt.

G. Glaeser **Geometrie und ihre Anwendungen in Kunst, Natur und Technik**
2. Aufl. Spektrum akad. Verlag Heidelberg, 2007
M. Husty **Darstellende Geometrie, Technische Mathematik**
http://geometrie.uibk.ac.at/Lehre/TechnischeMathematik/DG-Techmath-SS2007.pdf

Einen Ringtorus kann man sich relativ leicht vorstellen – am besten als aufgeblasenen Schlauch eines Autoreifens wie im großen Bild. Der Umriss eines Torus hat, wenn man diesen relativ flach ansieht, oft Umrissspitzen.

Im Computerbild unten links ist dies visualisiert. Die danebenstehende Grafik zeigt, dass die zugehörige Konturlinie – von einer anderen Position aus betrachtet, eine recht „harmlose" Flächenkurve ist.

Weil aber in jedem Punkt der Konturlinie nach Definition die Tangentialebene durch den Augenpunkt E geht, passiert es recht häufig, dass sogar die Tangente der Kurve den Punkt E enthält und damit als Punkt wahrgenommen wird. Genau dann liegt eine Spitze vor.

Geodätische Geschenke

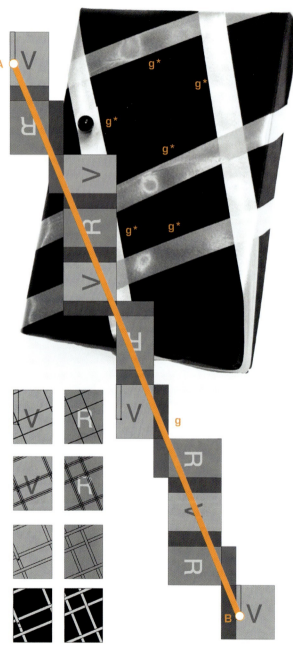

Angenommen, sie wollen eine quaderförmige Verpackung mit einem Band verzieren (großes Bild links), und zwar so, dass das Band eine geschlossene Linie ohne Falten bildet. Dann lässt sich das Problem einigermaßen einfach lösen:

Sie denken sich den Quader auf die abgebildete Art in die Ebene ausgebreitet (dabei dürfen die Seitenflächen mehrfach vorkommen), zeichnen in diesem „erweiterten Netz" eine Gerade g von A nach B ein und machen den Vorgang inklusive Gerade g wieder rückgängig. g geht dabei in ein vielfach gewinkeltes $g*$ auf dem Quader über.

Eine Kurve, die bei Abwicklung in eine Gerade übergeht, heißt geodätische Kurve und ist die kürzeste Verbindung zweier Punkte. Gehen A und B in identische Punkte über und trifft die Verbindungsgerade $g*$ in B in gleicher Richtung ein wie sie in A gestartet ist, dann wird $g*$ als „geschlossene Geodäte" bezeichnet.

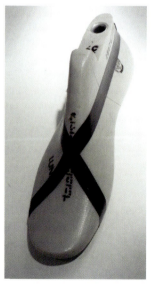
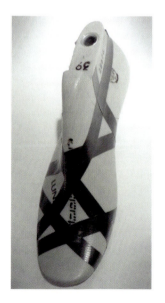

Für die „Verpackung" eines Tetraeders ist eine mögliche Lösung wie folgt: Die Geodätische g^* kehrt nach Umrundung einer Tetraederspitze S_1 zwar zum Ausgangspunkt D auf der Kante zurück, jedoch in abweichender Richtung. Erst nach Umrundung einer weiteren Tetraederecke S_2 schließt sich der Weg so, dass das Band im Doppelpunkt D zugfest verknotet werden kann.

Der Grundriss rechts zeigt die Konstruktionsidee für ein Tetraeder, bei dem die Winkelsumme σ der anliegenden Facetten in S_1 und S_2 identisch ist, wodurch sich die Kanten, die nach Aufwicklung mit $S_1 S_2$ deckungsgleich werden, parallel ergeben. D kann längs der Kante $S_1 S_2$ verschoben werden, ohne dass sich die Länge der Schleife ändert. Eine genauere Beschreibung der Überlegungen findet man beim unten angeführten Link. Die beschriebene Verpackungsstrategie kann auf beliebige Flächen verallgemeinert werden (z. B. auf Schuhformen wie auf der linken Seite unten), womit man sogar Füße geodätisch mit Bändern verpacken kann ...

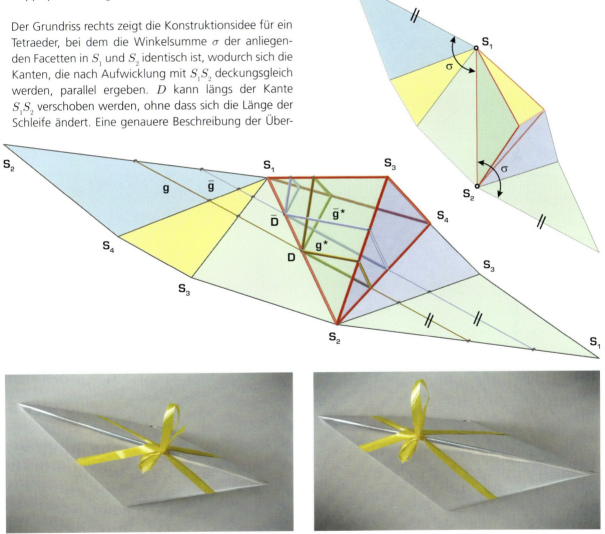

U. Beyer **Überlegungen zu Geschlossenen Geodätischen auf Polyedern** www.arch.uni-karlsruhe.de/dg/wicklung
G. Glaeser, K. Polthier **Bilder der Mathematik** 2. Aufl. Spektrum Akademischer Verlag Heidelberg 2010, S. 96

7 Besondere Flächen

Faszination Kugel

Kugeln spielen in Natur und Kunst eine extrem große Rolle (links: Skulptur in Venedig). Sie stellen eine Verallgemeinerung der Kreise der Ebene dar. Die Kugeloberfläche ist mathematisch definiert als Ort aller Punkte mit gleichem Abstand von einem Zentrum. Deshalb breiten sich z. B. Wellenfronten ruhender Schallquellen kugelförmig aus. Auch der Ort aller Punkte im Raum, die von einer Licht- und /oder Wärmequelle gleich viel Licht / Wärme empfangen, sind Kugeln. Geometrisch kann man eine Kugel als jene Fläche definieren, die einen Kreis überstreicht, wenn man ihn um einen beliebigen seiner Durchmesser rotieren lässt. Die Bahnkurven der Kreispunkte sind dann Schichtenkreise der Kugel (siehe Foto rechte Seite). Damit ist klar, dass jeder ebene Schnitt einer Kugel ein Kreis ist. Lässt man zwei schneidende Kreise um die Verbindungsgerade der Kreismittelpunkte rotieren, erkennt man, dass zwei Kugeln einander nach einem Kreis schneiden (siehe auch S. 124 rechts). Das Weltall ist das Reich der Kugeln: Alles, was einen Durchmesser von mehr als 500 km hat und noch heiß genug ist, um sich zu verformen, nimmt recht genau Kugelform an. Die Kreiszahl π spielt auch bei der Kugel eine große Rolle: Die Oberfläche der Kugel ist viermal so groß wie die maximale Querschnittsfläche, das Volumen entsteht, wenn man die Oberfläche mit einem Drittel des Radius multipliziert.

WIKIPEDIA **Kugel** http://de.wikipedia.org/wiki/Kugel

Der Umriss einer Kugel

Um den Umriss einer Kugel zu bestimmen, legen wir aus dem Augpunkt (= Linsenzentrum) einen berührenden Drehkegel an die Kugel und schneiden diesen mit der Bildebene (= Sensorebene). Der Umriss ist also ein Kegelschnitt. In den allermeisten Fällen wird dieser ellipsenförmig ausfallen, denn es ist gar nicht leicht, die Bedingung zu erfüllen, damit eine Hyperbel entsteht: Dazu muss nämlich die durch das Zentrum verschobene Bildebene die Kugel schneiden. Man muss sich also unmittelbar an der Kugel befinden und irgendetwas anvisieren, das jenseits des Kugelumrisses liegt.

Die beiden Computersimulationen auf der rechten Seite zeigen zwei Kugeln. Die graue hat den „üblichen" elliptischen Umriss, die blaue einen hyperbelförmigen. Die Asymptoten der Umrisshyperbel sind eingezeichnet. Die Farbgebung der Kugeln suggeriert bereits, dass so ein Fall eintritt, wenn wir Dinge am Horizont fotografieren, z. B. den auf- oder untergehenden Mond.

Das untere Foto täuscht etwas vor, was wir zu wissen glauben: Die Erde ist kugelförmig, hat also einen gekrümmten Umriss. Allerdings wurde hier mit einem Fischaugenobjektiv fotografiert (das Originalfoto ist kleiner mit abgebildet). Die vermeintlich starke Krümmung ist also ein Linseneffekt, der übrigens nur dann auftritt, wenn der Horizont nicht durch den Bildmittelpunkt geht.

Dennoch sind wir überzeugt, die Erdkrümmung sehen zu können, wenn wir z. B. aus dem Flugzeug fotografieren. Das stimmt zwar, aber das Meiste bilden wir uns ein. Zunächst ist als Umriss ein Teil einer Hyperbel zu erwarten. Weiter brauchen wir ein Weitwinkelobjektiv. Solche Objektive neigen aber zum „Kisseneffekt" (so wie Fischaugenobjektive, nur ist der Effekt dort viel stärker ausgeprägt). Wenn wir aber wie im unteren Bild auf der rechten Seite möglichst genau über die Diagonale fotografieren, schalten wir den Kisseneffekt aus und nützen gleichzeitig den Weitwinkeleffekt optimal aus. Jetzt ist das Ergebnis allerdings ernüchternd, denn selbst aus 10 km Höhe ist die Erdkrümmung nur mit gutem Willen feststellbar!

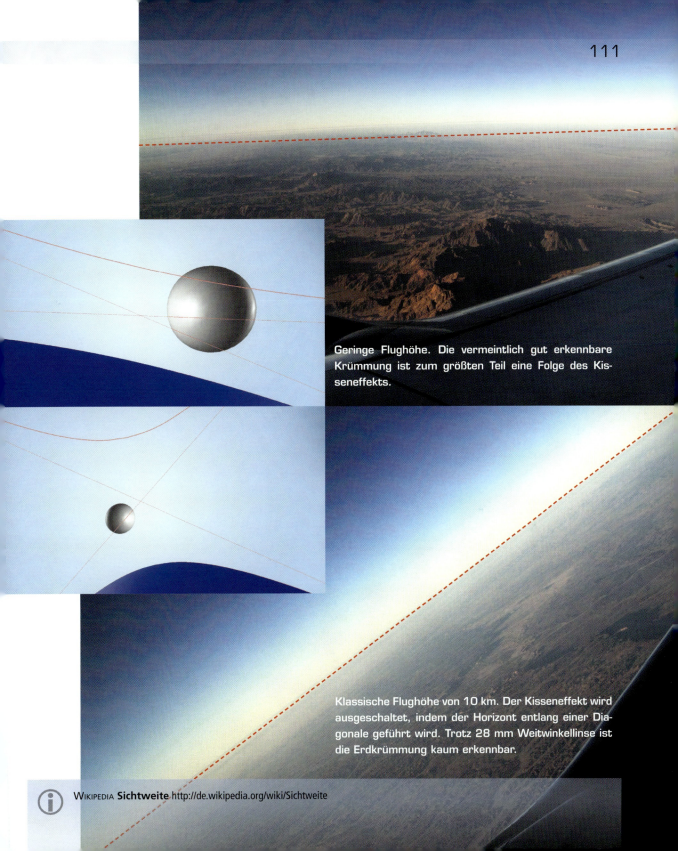

Geringe Flughöhe. Die vermeintlich gut erkennbare Krümmung ist zum größten Teil eine Folge des Kisseneffekts.

Klassische Flughöhe von 10 km. Der Kisseneffekt wird ausgeschaltet, indem der Horizont entlang einer Diagonale geführt wird. Trotz 28 mm Weitwinkellinse ist die Erdkrümmung kaum erkennbar.

WIKIPEDIA **Sichtweite** http://de.wikipedia.org/wiki/Sichtweite

Krumme Flächen annähern

Drehflächen (wie z. B. Kugeln) lassen sich außer in einfachen Spezialfällen (Zylinder, Kegel) nicht aus ebenen Flächenteilen herstellen. Also greift man zu einem Trick: Man nähert die Fläche – wie im Fall der Kuppel des Florenzer Doms) durch kongruente zylindrische Streifen an, die dann wie bei einer geschlossenen Blüte aneinander gefügt sind. Die acht „Blätter" nähern im konkreten Fall keine Halbkugel, sondern einen Spindeltorus an (siehe Computergrafik).

Die Blattflächen (rechte Seite) waren ursprünglich auch einfach gekrümmt. Durch das Austrocknen kam es dann zu Verschrumpelungen, sodass die Fläche nicht mehr „abwickelbar" ist. Das erkennt man daran, dass die Umrisse (Teile davon sind rot nachgezeichnet) nicht mehr geradlinig sind.

WIKIPEDIA **Baubeschreibung des Florenzer Doms** http://de.wikipedia.org/wiki/Santa_Maria_del_Fiore

Biegsam und vielseitig

Schiffsrümpfe sind teilweise doppelt gekrümmt (wenn auch „harmlos"): Wie kann man sie trotzdem aus Holzplanken bauen?

Eine Anmerkung zur Unterwasserfotografie: Es wurde ein Ultraweitwinkelobjektiv verwendet. Der Bug ist nur 50 cm entfernt. Blitzt man nun, hat das Licht hin und retour 1 m zurückzulegen, wodurch die selektive Farbauslöschung nicht stark ausgeprägt ist und der Vorderteil relativ farbecht erscheint (vgl. S. 188).

G. GLAESER, F. GRUBER **Developable surfaces in contemporary architecture**
Mathematics and the Arts Vol. 1, No. 1, March 2007, pp. 59-71

Holz ist biegsam. Man kann damit viele Dinge bauen, z. B. originelle Kopfhörer (der noch viele andere Vorteile hat: Semesterarbeit von Rudolf Stefanich). Solcherart verbogene Streifen kann man aneinander reihen, um relativ gut (nicht allzu stark) doppelt gekrümmte Flächen anzunähern, z. B. Schiffsrümpfe. Kleine Zwischenräume werden ausgekittet.

Besonders in der modernen Architektur ist das Thema hochaktuell, Freiformflächen möglichst genau, aber kostengünstig zu materialisieren. Neuerdings verwendet man u. a. Aluminium-Planken, die nicht nur biegsam, sondern auch dehnbar sind.

Aufwicklungen

Der Becher, in dem die Servietten stecken, ist eine Drehfläche, die einem Drehkegelstumpf nahe kommt. Stecken wir nun vorbereitete quadratische Servietten wie abgebildet in den Becher. Die Randkurven der Servietten sind dann (in grober Näherung) Raumkurven, die aus Geraden durch Aufwicklung auf den Drehkegel entstehen. Bei einem zylindrischen Becher sind die „aufgewickelten Geraden" Schraublinien.

Rollt man einen Drehkegel in der Ebene wie in der Computergrafik ab, so kreist er gewissermaßen um seine Spitze. Betrachten wir dabei die Abdruckspur eines Kreises durch die Spitze, erhalten wir die abgebildeten Raumkurven. Rollt man umgekehrt eine kreisrunde Waffel zu einem Drehkegel zusammen, entstehen Tüten mit ebendiesen Randkurven.

 G. Glaeser **Geometrie und ihre Anwendungen in Kunst, Natur und Technik**
2. Auflage, Spektrum Akademischer Verlag, Heidelberg 2007

Stabil und einfach zu bauen

Das einschalige Drehhyperboloid entsteht entweder durch Drehung einer Hyperbel um ihre Nebenachse oder durch Rotation einer Geraden um eine windschiefe Achse, wie schon Sir Christopher Wren erkannte. Wren bemerkte auch, dass dabei die Gerade in zwei symmetrische Richtungen geneigt sein kann, sodass die Fläche zwei unterschiedliche Geradenscharen trägt.

Dies trifft sonst nur noch auf das hyperbolische Paraboloid zu und erlaubt es, ein Grundgerüst der Fläche rasch mit geradlinigen Maschen zu erzeugen, welche die Fläche ihrerseits sehr stabil machen. In das Hyperboloid passt gut der „Asymptotische Kegel" (siehe Foto vom Flughafentower Barcelona und Computergrafik rechts).

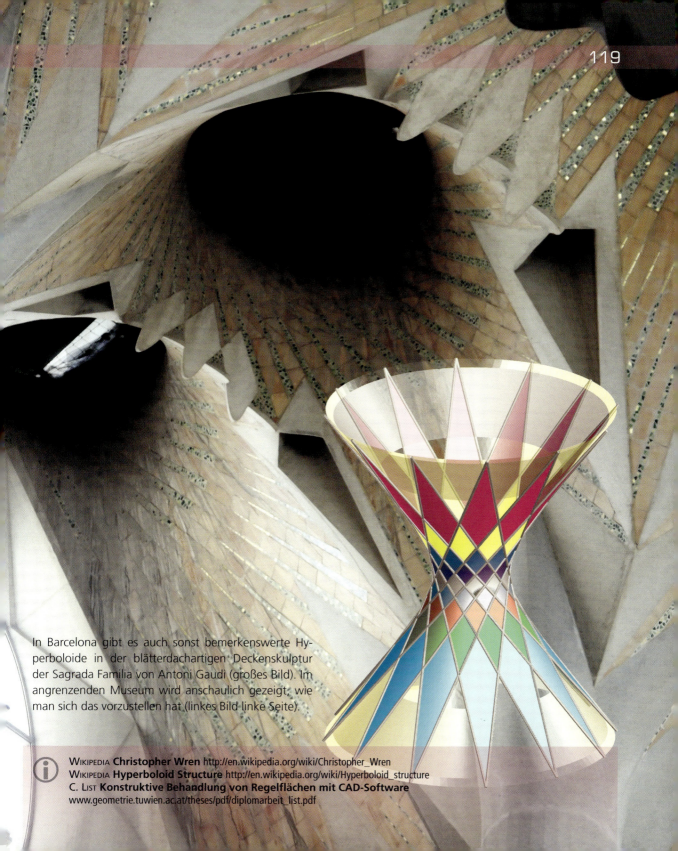

In Barcelona gibt es auch sonst bemerkenswerte Hyperboloide in der blätterdachartigen Deckenskulptur der Sagrada Familia von Antoni Gaudí (großes Bild). Im angrenzenden Museum wird anschaulich gezeigt, wie man sich das vorzustellen hat (linkes Bild linke Seite).

ⓘ Wikipedia **Christopher Wren** http://en.wikipedia.org/wiki/Christopher_Wren
Wikipedia **Hyperboloid Structure** http://en.wikipedia.org/wiki/Hyperboloid_structure
C. List **Konstruktive Behandlung von Regelflächen mit CAD-Software**
www.geometrie.tuwien.ac.at/theses/pdf/diplomarbeit_list.pdf

Minimierte Oberflächenspannung

Minimalflächen haben mittlere Krümmung null. Grob gesprochen bedeutet das, dass die Fläche in jedem Punkt die Tangentialebene durchsetzt, wobei die (zueinander orthogonalen) Hauptkrümmungen dem Betrag nach gleich groß sind. Das ermöglicht physikalisch gesehen einen Gleichgewichtszustand bezüglich der Oberflächenspannung.

Ein würfelförmiges Drahtgestell (linke Seite) wird in Seifenlauge eingetunkt, herausgezogen und (vor dem Zerplatzen) fotografiert. Das Ergebnis ist nicht immer dasselbe und hängt von vielen Parametern ab. Vom Luftzug abgesehen wird die kurzlebig entstandene Fläche allerdings zum Großteil von Oberflächenspannung dominiert. Ist das Drahtgestell schraublinienförmig, entsteht eine Wendelfläche (s. S. 82). Beim Gestell links unten (parallele Kreise) treten u. A. Kettenflächen auf (s. S. 236), beim Gestell rechts unten entsteht ein Teil der Scherk'schen Schachbrettfläche (s. S. 122).

Drahtmodelle gebastelt von Katharina Rittenschober und N. N.
K. Rittenschober, N. N. **Diplomarbeit** www.geometrie.tuwien.ac.at/diplomarbeiten/...

Minimalflächen

H. Karcher, K. Polthier **Palast der Seifenhäute** http://page.mi.fu-berlin.de/polthier/video/Touching/Preface_ger.html
H. Karcher, K. Polthier **Die Geometrie der Minimalflächen**
Spektrum der Wissenschaft, Moderne Mathematik, Spektrum, Akademischer Verlag 1996

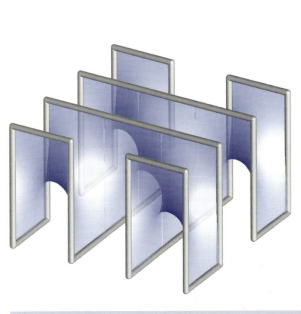

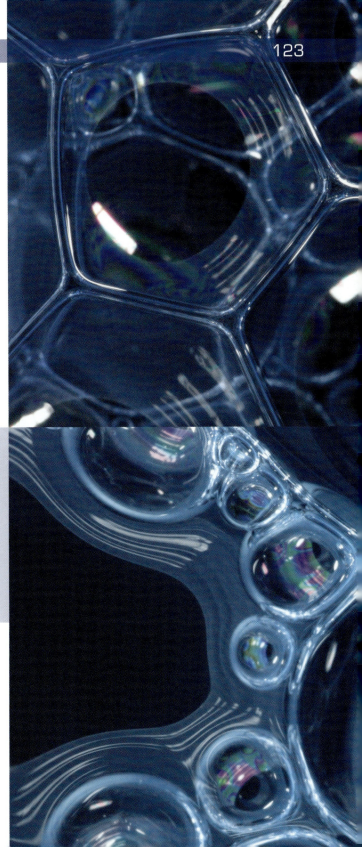

Minimalflächen sind Flächen, bei denen die Oberfläche ein Minimum annimmt. Das führt uns die Natur fast spielerisch beim Eintauchen eines Drahtgitters in Seifenlauge vor (das Bild oben ist eine Computersimulation). Ganz rechts sind Blasenbildungen in Flüssigkeiten fotografiert.

Sabine Duschnig hat Reifen bzw. Quadratgerüste in einen elastischen Stoff eingearbeitet. Die Oberflächenspannung erzeugt ästhetische und zugleich fragile Kunstwerke (links).

Seifenblasen

Seifenblasen, die in Drahtgittern „eingespannt" sind, sind Minimalflächen mit mittlerer Krümmung Null. Pustet man die Seifenlauge in die freie Natur, entstehen Formen, die mit möglichst wenig Oberfläche möglichst viel Volumen umfassen, im Idealfall also Kugeln, die einzigen Flächen, die in jede Richtung positiv gleich gekrümmt sind. Weil die Atemluft meist wärmer ist als die Umgebungstemperatur, steigen die Kugeln auf. Bei ganz großen Blasen (Bilder unten) ist die Sache nicht so einfach: Hier kommt durchaus eine Schwerkraft-Komponente dazu (es bedarf größerer Seifenlaugenmengen) und erst nach „Abwerfen von Ballast" (überschüssigen Tröpfchen) nähert sich die Gestalt einer Kugel an. Wenn man vorher die Blase zerplatzen lässt, kann das durchaus spannend sein. Die beiden Bilder entstanden in einem Abstand von 1/10 Sekunde).

Seifenblasenkugeln können sich vereinigen. Im Bild sieht man schön die Schnittkreise der einzelnen Kugeln. Bemerkenswert ist die Spiegelung an der Innenwand der untersten Kugel und das „Irisieren" (die regenbogenfarbene Schlierenbildung). Letzteres ist eine Interferenzerscheinung: Ein Teil des Lichts wird an der Außenwand der dünnen Schicht, ein anderer Teil an der Innenwand reflektiert. Wegen der unterschiedlichen Dicke der Schicht werden die einzelnen Spektralfarben, die ja unterschiedliche Wellenlängen haben, unterschiedlich verstärkt bzw. reduziert.

 N. Podbregar **Irisieren der Seifenhaut** www.g-o.de/dossier-detail-107-5.html
M. Petit **Erzeugen von Riesenseifenblasen** www.chf.de/eduthek/projektarbeit-riesenseifenblasen.html

8 Spiegelung und Brechung

Kugel-Spiegelung

Die Spiegelung an einer Kugel erinnert an die Fotografie mit einem Fischaugen-Objektiv. Allerdings wird der gesamte Raum (außer jene Punkte, die von der Kugel abgedeckt werden) abgebildet, insbesondere der gesamte Halbraum, in dem sich auch der Betrachter befindet. Das Teleobjektivfoto zeigt, dass es genügt, die Kugel zu fokussieren, um den gesamten abgebildeten Raum scharf zu sehen.

 G. Glaeser **Reflections on Spheres and Cylinders of Revolution** www.heldermann-verlag.de/jgg/jgg01_05/jgg0312.pdf

Sei Z das Projektionszentrum (Linsenzentrum) und M der Mittelpunkt der reflektierenden Kugel (vgl. Computergrafik rechts). Gerade Linien PQ bilden sich als gekrümmte Linien (Kurven 4. Ordnung) ab. Die Berechnung des Reflexionspunkts erfordert die Lösung einer Gleichung vierten Grades. Nach dem Reflexionsgesetz liegen ein Raumpunkt P und der Reflexionspunkt $P*$ in der Ebene PMZ. Ist PQ parallel zu MZ, ist das Bild auf der Kugel ein Großkreis und im Foto ein Ellipsenbogen.

Im Foto unten sieht man die Spiegelung des Raums an einer Kanne, die annähernd ein Drehellipsoid ist. Die Spiegelung unterscheidet sich nicht prinzipiell von jener an einer Kugel.

Spiegelsymmetrie

Symmetrie spielt in der Natur, aber auch in der Technik und natürlich in der Ästhetik eine große Rolle. Manchmal zieht ein auf nicht-triviale Art hochsymmetrisches Bild besondere Aufmerksamkeit auf sich, wie die Aufnahme des Dachbodenausbaus unten von Architekt Anton Falkeis. Das Foto wurde zu einem Zeitpunkt gemacht, als die Sonne symmetrische Schatten durch das Glasdach warf. Hier stellt man sich die Frage, wie und wann es zu so einer Situation kommt. Im konkreten Fall war es ca. 14 Uhr wahre Sonnenzeit. Die Halle ist also nicht „eingenordet" – sonst wäre es genau 12 Uhr gewesen. Die Schattenspiele sind folglich nicht symmetrisch und der abgebildete Spezialfall findet wegen der unterschiedlichen Kulminationshöhen der Sonne nicht immer zur selben Zeit statt. Allzuviel Symmetrie lässt Bilder bald langweilig erscheinen (vielleicht machen sich Fotomodels deswegen den berühmten Schönheitspunkt auf eine Gesichtshälfte). Die Spiegelung an einer leicht gekräuselten Wasseroberfläche bringt dementsprechend Leben ins rechte Bild.

R. Hauser **Symmetrien** www.rainerhauser.ch/schule/Schuljahr_7/symmetrien-theorie.pdf
A. Barmettler **Sonnenstandsberechnung Online** http://lexikon.astronomie.info/java/sunmoon/index.html
Maria-Theresien-Gymnasium München **Spiegelungen und Symmetrie**
www.mtg.musin.de/download/faecher/mathe/grundwissen/GW_Mathe-7G.pdf

131

Spiegelung

Jede Spiegelung an einer Ebene erzeugt eine „virtuelle Gegenwelt", die durch das Spiegelfenster zu sehen ist. Dort gelten dieselben Regeln der Perspektive. Einem Punkt P entspreche der virtuelle Spiegelpunkt $P*$ (Bild unten). Der räumliche Halbierungspunkt $P'*$ liegt in der Spiegelebene (im Foto unten liegt $P'*$ nur dann in der Mitte, wenn die optische Achse des Objektivs parallel zum Spiegel war).

Durch die Glasscheibe, an deren Rückseite die spiegelnde Schicht aufgedampft ist, hat die Heuschrecke auf dem Spiegel zwei Spiegelpunkte $P*$ und $P°$. Die zugehörigen Halbierungspunkte $P'*$ und $P'°$ liegen übereinander, ihr Abstand im Raum entspricht der Dicke der Glasscheibe ($P*P°$ ist dementsprechend doppelt so groß). Einfache Spiegelungen sind ein beliebtes Mittel, um Landschaftsfotos attraktiv zu machen (kleines Bild, rechte Seite).

Bereits ein zweiter Spiegel kompliziert die Sachlage: Zum ersten Spiegel gibt es eine „virtuelle Gegenwelt", sodass im zweiten Spiegel bereits zwei Welten zu sehen sind. Im ersten Spiegel wird nun „mit Lichtgeschwindigkeit" auch diese neue Situation weiterverarbeitet. Damit kommt es zu „Endlosschleifen", die eigentlich nur dadurch beendet werden, dass bei jeder Spiegelung ein Lichtverlust und eine gewisse Unschärfe dazu kommt oder aber der Kreislauf irgendwann wegen der ganz speziellen Winkel geschlossen ist.

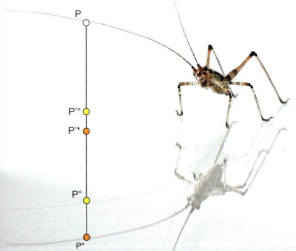

Im Bild links (Aufzugkabine) wirken zumindest drei speziell aufgestellte Spiegelebenen zusammen, im unteren Bild bildeten drei Spiegelebenen dreimal 60°, um eine Kaleidoskop-Wirkung zu erreichen. Weil die Winkel aber nicht exakt gleich groß waren, entstanden an den Rändern zusätzliche „Raumecken".

WIKIPEDIA **Spiegel** http://de.wikipedia.org/wiki/Spiegel
J. RICHTER-GEBERT **Blicke in die Unendlichkeit** http://de.wikipedia.org/wiki/Spiegel
D. HEIDORN **Reflexion an ebenen Flächen** www.dieter-heidorn.de/Physik/VS/Optik/K03_Reflexion/K03_Reflexion.html
HOCHSCHULE OSTWESTFALEN-LIPPE **Parallele Spiegel** www.hs-owl.de/physik/experimenta/experimente/spiegel.html

Das Pentaprisma

Wir wollen folgende Aufgabe lösen: Ein über ein Linsensystem erzeugtes, auf dem Kopf stehendes Bild soll über ein Spiegelsystem aufgerichtet und in einem Sucher dargestellt werden. Dies ist eine Aufgabe, welche die Hersteller von Spiegelreflexkameras lösen müssen: Man soll durch den Sucher genau jenes Bild sehen, das dann beim Abdrücken den Chip belichtet – bei billigeren Kameraversionen sieht man nämlich durch den Sucher nicht exakt das, was dann als Foto herauskommt.

Denken wir uns ein fünfseitiges Prisma wie im Bild rechts: Über den Kippspiegel wird ein Bild orthogonal zur unteren Randfläche eingespielt (1). Dabei muss sichergestellt sein, dass die Lichtstrahlen parallel sind. Dies ist zunächst nicht der Fall, denn das Linsensystem bündelt die Strahlen ja durch das Linsenzentrum. Deshalb braucht man zwischen Spiegel und Prisma eine Zerstreuungslinse.

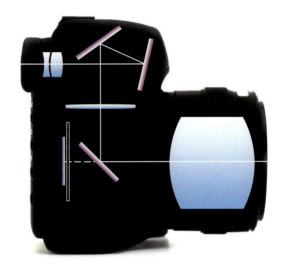

Die orthogonal einfallenden Strahlen werden nicht gebrochen, treffen auf die verspiegelte obere Fläche des Prismas (2), werden auf eine weitere schräge Seitenfläche reflektiert (3) und von dort waagrecht (also orthogonal zur senkrechten Seitenfläche) zum Sucher transportiert (4). Dort gibt es eine weitere Linse, welche die Strahlen bündelt.

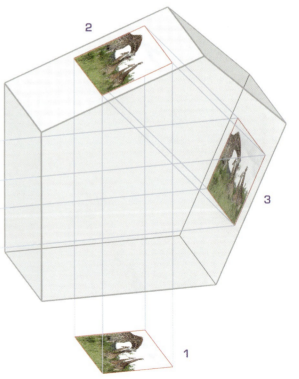

Das Bild im Sucher

Als ob das nicht schon kompliziert genug wäre, bleibt das Bild dabei – wie nach dem Durchgang durch die Optik – seitenverkehrt. Das verwirrt enorm und ist in dieser Form daher in der Praxis unbrauchbar.

Das Bild vom Kippspiegel (Lichtstrahlen mittels Zerstreuungslinse „parallelgebogen")

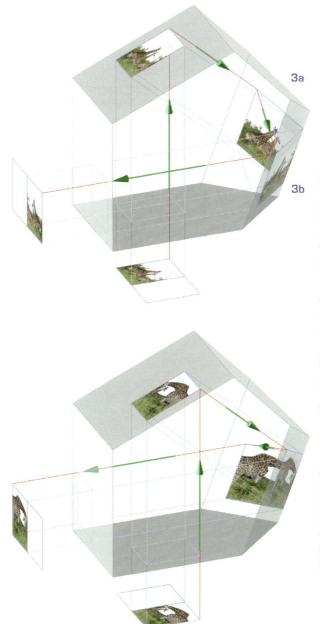

Mit Erfindungsreichtum lässt sich das Bild „in zwei Raten" spiegeln. Dazu ersetzt man die Seitenfläche (3) durch ein Paar orthogonaler Seitenflächen (3a und 3b). Man spricht dann von einem „Dachkant-Pentaprisma". Betrachten wir nun zunächst nur die linke Bildhälfte. Sie trifft auf 3a auf, wird nach 3b gespiegelt und verlässt seitenverkehrt das Prisma.

Analoges passiert spiegelsymmetrisch mit der rechten Bildhälfte. Der Beobachter merkt gar nichts davon. Bemerkenswert ist, dass die Strahlengänge zwischen 3a und 3b sich ineinander „verzahnen", wobei aber keine störenden Effekte (Interferenzen) auftreten. Eine geometrische Bemerkung zum Pentaprisma auf der linken Seite: Die Ebenen 2 und 3 müssen, damit das Bild tatsächlich exakt horizontal austritt, die Bedingung

$$\beta = \alpha - 45°$$

erfüllen (α und β sind die Neigungswinkel der Ebenen). Beim Dachkant-Pentaprisma gilt die Bedingung für die Neigung von 2 und die Neigung der Schnittkante von 3a und 3b. Werden die Seitenflächen nicht verspiegelt, tritt ein Großteil des Lichts aus, das Bild wird also wesentlich lichtschwächer und kann deshalb zur Sonnenbeobachtung eingesetzt werden.

WIKIPEDIA **Pentaprisma** http://de.wikipedia.org/wiki/Pentaprisma

Der Billard – Effekt

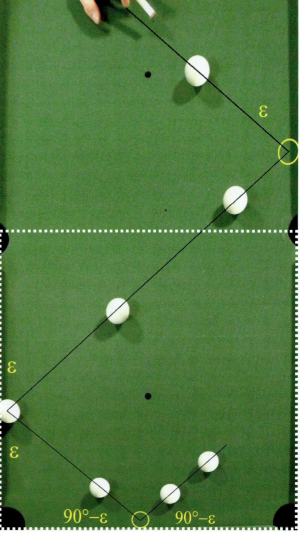

Eine Billardkugel wird im Normalfall (ohne Drall) an der „Bande" so reflektiert, dass Einfallswinkel und Ausfallswinkel übereinstimmen. Das mehrfachbelichtete Foto (links) scheint auch zu zeigen, dass die Kugel beim Rollen selbst nur wenig Energie verliert, bei der Reflexion jedoch viel. Je zwei aneinander grenzende Banden schließen einen rechten Winkel ein. Nach zweimaliger Reflexion an aneinander grenzenden Banden hat sich die Richtung der Kugel dadurch umgekehrt.

Will man die Geschwindigkeitsverhältnisse genauer auswerten, muss man entweder exakt von oben fotografieren oder aber wie im Bild rechts eine Entzerrung vornehmen, etwa indem man das Foto mittels Beamer so auf eine schräge Wand projiziert, dass die vier durch gestrichelte weiße Linien markierten Löcher wie im Original ein Quadrat bilden.

Theoretisch lässt sich das immer erreichen, praktisch muss man mit Kisseneffekten rechnen und sich oft mit mäßiger Genauigkeit zufriedengeben. Man kann die Entzerrung natürlich auch mittels geeigneter Software durchführen, indem man eine entsprechende lineare (linientreue) Transformation anwendet.

Der zweidimensionale Fall lässt sich auf bemerkenswerte Weise räumlich verallgemeinern: Man denke sich eine „Würfelecke", also drei paarweise orthogonale ebene Flächen. Schießt man nun ein Bündel von einigermaßen parallelen Lichtstrahlen / Radarstrahlen / Schallwellen in so eine Ecke, kommt es nicht zu einem unkontrollierten Strahlengewirr, sondern nach dreimaliger Reflexion werden die Strahlen parallel zur Quelle zurückgeworfen. (Bei jeder der drei Normalprojektionen in Richtung einer Würfelkante liegt die klassische Billard-Situation vor, sodass die Parallelität auch im Raum vorliegen muss.)

Dafür gibt es viele wichtige Anwendungen. Im Bild rechts ist ein Radarreflektor am Meeresufer zu sehen, der sehr effizient von Schiffen zur Entfernungsmessung benutzt werden kann, egal aus welcher Richtung er angepeilt wird. Die „Katzenaugen", die in die Speichen der Fahrräder eingeklemmt werden, bestehen ebenfalls aus lauter kleinen reflektierenden Würfelecken und leuchten konsequent ohne jeden Energiebedarf den sie anleuchtenden Autoscheinwerfern zurück.

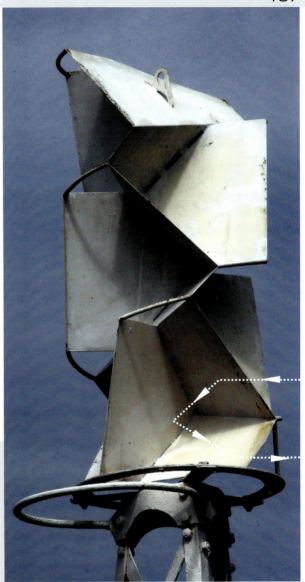

P. Grohs **Entzerrung mittels Kollineation** http://www.dmg.tuwien.ac.at/grohs/lva/skriptum2.pdf
G. Glaeser **Geometrie und ihre Anwendung in Kunst, Natur und Technik** Spektrum Akadem. Verlag, Heidelberg 2007

Schalldämmende Pyramiden

Auf der rechten Seite sehen Sie eine schallschluckende Tapete, bestehend aus aneinander gereihten quadratischen Pyramiden, deren Seitenflächen unter 45° geneigt sind. Je länger Sie auf das Foto blicken, desto mehr neue Varianten wird Ihnen Ihre Fantasie präsentieren. Die Pyramiden bestehen aus schallschluckendem Styropor und sind mit einem Kleber montiert, der nie wirklich trocknet, was zusätzlich schallisolierend wirkt.

Vom geometrischen Standpunkt gesehen ist es interessant, die Richtungen zu bestimmen, in denen die noch nicht durch die poröse Oberfläche verschluckten Schallwellen reflektieren. In der Simulation (unten: allgemeine Ansicht, darüber zugeordnet Draufsicht und Vorderansicht) sind die eintreffenden Schallwellen gelb eingezeichnet. Ein Teil der Wellen wird an jenen Pyramidenflächen reflektiert, wo der Einfallswinkel relativ groß ist. Andere Wellen treffen flacher auf und werden u. U. mehrfach reflektiert (was zusätzlich schallschluckend wirkt).

Von Amateur-Musikern werden zur Schalldämmung oft Eierkartons verwendet, die eine ähnlich zerstreuende Wirkung haben sollen (allerdings brandgefährlich sind).

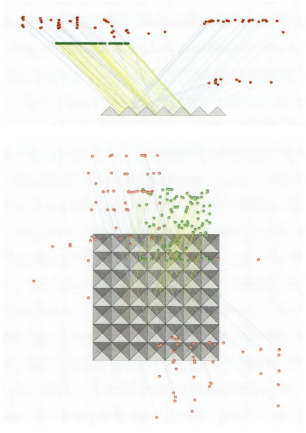

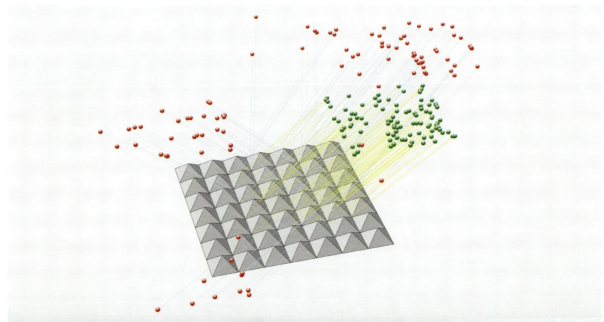

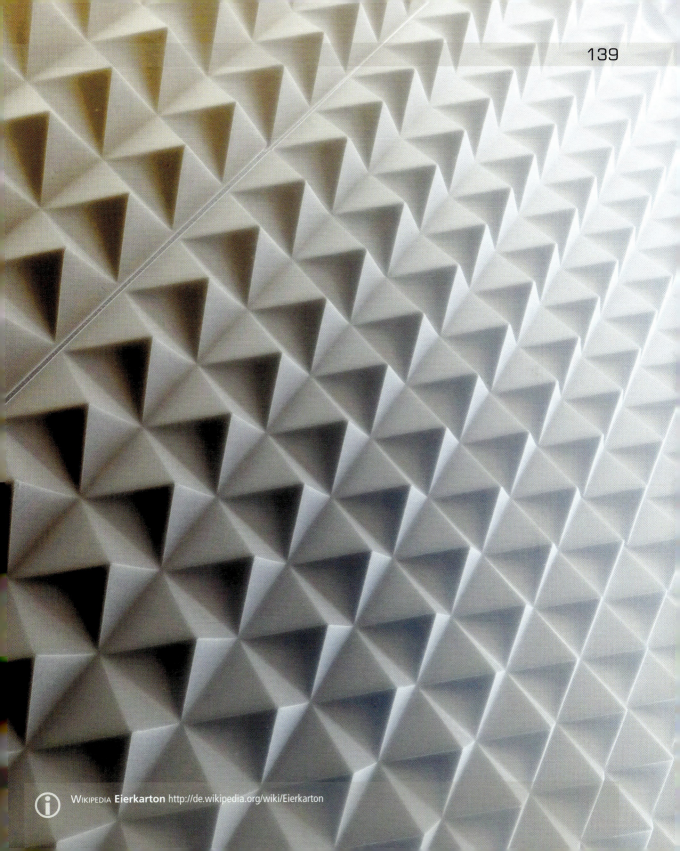

WIKIPEDIA **Eierkarton** http://de.wikipedia.org/wiki/Eierkarton

Das optische Prisma

140

Beim dreiseitigen Prisma aus Glas (oder einem anderen durchsichtigen Material) kann man den Brechungsvorgang des Lichts und dessen Auffächerung in die Spektralfarben besonders schön demonstrieren. Licht hat eine „duale Natur", weil es sich einerseits wie Teilchen (Photonen), anderseits wie eine Welle verhält.

Das Sonnenlicht umfasst Wellen verschiedenster Wellenlänge. Je kürzer die Wellenlänge, desto stärker wird der zugehörige Strahl gebrochen. Die langwelligeren roten Strahlen sind also unempfindlicher gegenüber einem Übergang von Luft in Glas bzw. von Glas in Luft.

Wie entstehen die drei Spektren? Der von rechts parallel einfallende weiße Sonnenstrahl (1) wird zunächst wie auf der linken Seite in der Computerzeichnung aufgefächert. Durch die Brechung erscheint er nicht exakt dort, wo wir ihn erwarten (2). Schließlich tritt der weiter aufgefächerte Strahl aus (3). Dieses Spektrum spiegelt sich an der linken Seitenfläche (4), erreicht aber auch – wiederum mehrfach gebrochen – das Auge über die rechte Seitenfläche (5). Wegen der verschiedenen Einfallswinkel erscheint das Spektrum gekrümmt als Regenbogen. Im Gegensatz zum gewöhnlichen Regenbogen ist hier Rot im Inneren.

ⓘ WIKIPEDIA **Prisma** http://de.wikipedia.org/wiki/Prisma_(Optik)

Die Theorie zum Regenbogen

Es lohnt sich, die Verhältnisse anzusehen, welche zur Bildung eines Regenbogens führen. Je genauer die Analyse, desto mehr Nebeneffekte versteht man. Nach einem Regenguss ist die Luft voller kleinster Wassertröpfchen. Kommt nun die Sonne zum Vorschein, dringen deren „weiße" Strahlen in diese Tröpfchen ein. Wir unterscheiden nun drei Typen von Strahlen (siehe Skizze): Erstens jene, welche das Wasserkügelchen relativ zentral treffen. Sie werden beim Eintritt ein wenig zum Lot geknickt und dabei nicht erwähnenswert in die Spektralfarben aufgefächert. Treffen sie (relativ steil) auf der Kugelrückwand auf, werden sie vom Lot gebrochen und treten abgelenkt und „fast weiß" unter einem Winkel von etwa 0° bis 20° abgelenkt nach hinten aus. Diese Strahlen hellen das Innere eines Regenbogens auf. Zweitens betrachten wir jene Strahlen, welche die Kugel schon etwas weiter von der Zentrallinie entfernt (etwa in einem Abstand von 65-75% des Kugelradius) treffen. Sie treten ebenfalls größtenteils hinter der Kugel aus, allerdings schon stärker aufgefächert und in einem Winkel von 20°-30° abgelenkt. Diese Strahlen können potentiell einen Regenbogen auf dahinter-

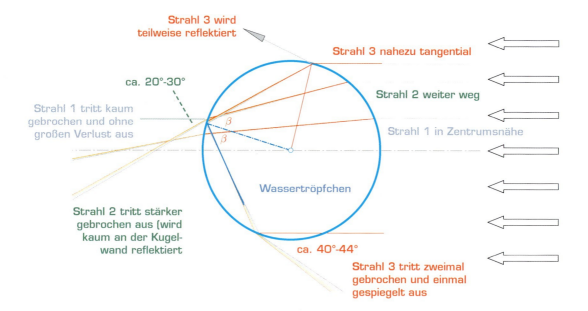

liegenden Wolken erzeugen. Insbesondere geht z. B. der kreisförmige Regenbogen S. 146 (aus dem Flugzeug aufgenommen) auf ihr Konto. Auch das „Halo" um Sonne oder Mond ist auf diesen zweiten Typus zurückführbar. Bleibt der dritte Typ von Strahlen übrig. Es handelt sich um jene Strahlen, welche die Kügelchen am Rand treffen. Ein Teil des Lichts wird dabei an der Kugel reflektiert und hellt den Hintergrund auf. Der Rest wird so stark zum Lot gebrochen (und stark aufgefächert), dass an der hinteren Kugelwand jener Winkel β erreicht wird, der für eine Totalreflexion ausreicht. Bei der Totalreflexion dreht sich das Farbenspektrum um und trifft nochmals auf die Kugelwand. Auch hier ist u. U. der Grenzwinkel zur Totalreflexion fast erreicht. Jenes Licht, das es aus der Kugel schafft, trifft recht genau unter 40° - 44° stark aufgefächert aus und erzeugt den gewöhnlichen (primären) Regenbogen. Der verbleibende Rest wird totalreflektiert und tritt dann großteils in Form eines sekundären Regenbogens aus, jedoch schon stark abgeschwächt und neuerlich farbeninvertiert. Gelegentlich kommt es „in einer letzten Runde" sogar zu einem kaum noch sichtbaren tertiären Regenbogen.

Bei den theoretischen Überlegungen war ausschließlich von Winkeln die Rede, nie von Entfernungen. Wie auf S. 144 gezeigt wird, liegen jene Wassertröpfchen, welche Lichtstrahlen aus dem Regenbogenspektrum ins Auge senden, auf Drehkegeln, deren Achse durch die Sonne geht.

Hat man nun die Sonne im Rücken und keinen Regenbogen vor sich, genügt ein Gartenschlauch, um einen solchen (oft sogar zwei) zu „provozieren".

Das größere Bild auf dieser Seite wurde mit einem 30mm-Weitwinkelobjektiv aufgenommen. Es gab zu diesem Zeitpunkt keinen Regenbogen, nur einen wurfparabelförmig knapp vor der Kamera vorbeigeschossen Wasserstrahl. Beide Bögen sind gut ausgebildet. Der sekundäre äußere Bogen (mit invertiertem Spektrum) stammt von jenen Lichtstrahlen, die aufgrund der Totalreflexion zweimal im Inneren der Wasserkügelchen reflektiert wurden, bevor sie austraten.

Zum Vergleich „echte" Regenbögen von derselben Terrasse, diesmal mit einem Fischaugenobjektiv bei tiefer stehender Sonne aufgenommen. Hier sind die funkelnden Wassertröpfen viele Kilometer entfernt!

 WIKIPEDIA **Regenbogen** http://de.wikipedia.org/wiki/Regenbogen
E. KHALISI **Regenbogen** http://www.khalisi.com/licht/regenbogen.html
WAGHOO **Regenbogen** http://timble.medientechnik-emden.de/waghoo/Regenbogen/gesamt.html

Am Fuß des Regenbogens

Ein Sprichwort sagt: „Suche den Schatz am Fuß des Regenbogens". Wie ist das gemeint? Wenn wir einen Regenbogen sehen, so sieht dieser aus wie ein riesiger Bogen einer (festen) Brücke. Gehen wir genau auf den Fuß des Bogens zu, ändert sich wenig: Es scheint so, als ob wir irgendwann dorthin kommen könnten, aber so lang wir auch marschieren, der Bogen kommt nicht näher. Bewegen wir uns nicht in Richtung Fuß, wandert der Bogen und mit ihm der Fuß herum und wir geben irgendwann den Gedanken an den Schatz auf ...

In Wirklichkeit sehen wir nicht einen kreisförmigen Bogen, sondern Abertausende strahlende Tröpfchen, die sich auf einem Drehkegel verteilen, dessen Spitze unser Auge / das Linsenzentrum ist. Die Achse des Kegels geht durch die Sonne, der Öffnungswinkel variiert je nach Farbe zwischen ca. 44° (Rot-Anteil) und 41° (Blau-Anteil). Die Entfernung der funkelnden Tröpfchen kann nahezu beliebig schwanken – u. U. zwischen wenigen Zentimetern (z. B. bei sprühenden Wasserschläuchen) und vielen Kilometern (vgl. Computerzeichnung rechts).

Derselbe Regenbogen wie auf der linken Seite, aber einige hundert Meter weiter betrachtet

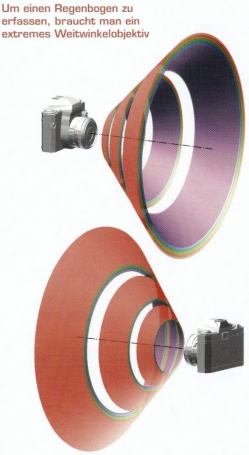

Um einen Regenbogen zu erfassen, braucht man ein extremes Weitwinkelobjektiv

Die Computerzeichnungen illustrieren, dass man ein Weitwinkelobjektiv braucht, um einen Regenbogen zur Gänze ins Bild zu bekommen. Bei untergehender bzw. aufgehender Sonne ist die Kegelachse waagrecht und man bekommt den ganzen oberen Halbkreis (und somit den vollen Durchmesser des Bogens) ins Bild, wenn man einen Öffnungswinkel von fast 90° über die gesamte Bildbreite überblickt. Bei einem 3:2 – Format entspricht das einem Öffnungswinkel von 108° über die Bilddiagonale und damit einer Brennweite von nur etwa 17 mm (extremes Weitwinkelobjektiv). Bei höher stehender Sonne kommt man mit „normalen" Weitwinkelobjektiven durch, weil man nur das obere Segment des Bogens sieht. Die beiden Aufnahmen auf dieser Doppelseite sind Teleobjektiv-Aufnahmen, die nur einen Bruchteil des gesamten Bogens zeigen.

WIKIPEDIA **Regenbogen** http://de.wikipedia.org/wiki/Regenbogen
D. ZAWISCHA **Über den Regenbogen** www.itp.uni-hannover.de/~zawischa/ITP/regnbgv03.pdf
K.-H. LOTZE, W. SCHNEIDER **Naturphänom. u. Astronom.** www.wernerschneider.de/cms/upload/wege/band5/Wege5-42-56.pdf

146 Über den Wolken …

Warum ist der Regenbogen vom Flugzeug aus gesehen kreisrund? Die Antwort findet man auf Seite 142.

Warum ist der Himmel blau? Licht hat alle „Regenbogenanteile" – von blau bis rot. Blaues Licht ist kurzwelliger und wird an der Atmosphäre stärker gestreut, „verliert sich" also im Himmel, sodass die Rotanteile überwiegen. Im Hochgebirge, wo noch mehr Blauanteile vorhanden sind, haben Fotos einen Blaustich!

Warum sind Kondensstreifen weiß? Die Luft in 10 km Höhe ist eiskalt (deutlich unter Null Grad). Trotzdem enthält sie Wassertröpfchen, die noch nicht gefroren sind (Gefrierverzug). Kommen jetzt vom Flugzeug Rußpartikelchen in die Atmosphäre, kristallisiert das Wasser an diesen. Dass das nicht so sauber ist, wie es aussieht, soll das untere Bild veranschaulichen.

 U. Dewald **Warum ist der Himmel blau?** www.wissenschaft.de/wissenschaft/gutzuwissen/172649.html
Wikipedia **Kondensstreifen** http://de.wikipedia.org/wiki/Kondensstreifen

Spektralfarben unter Wasser

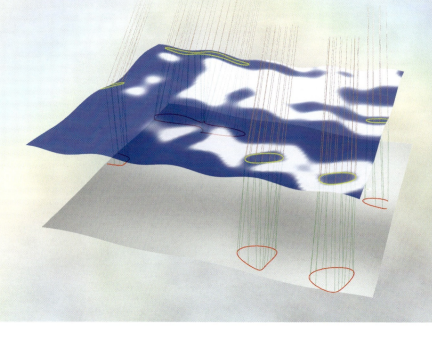

Das Foto auf der rechten Seite zeigt etwas, was vielleicht manchem schon beim Schnorcheln im Flachwasser aufgefallen ist: Bei niedrigem Sonnenstand hat man immer wieder den Eindruck, Regenbogenfarben zu sehen. Die Regenbogenlinien ändern blitzschnell ihre Form, sind also keineswegs stationär.

Betrachten wir die Computersimulation oben: Es wird eine leicht bewegte Wasseroberfläche simuliert und nach jenen Punkten der Oberfläche gesucht, in denen die Flächennormale mit den (orange eingezeichneten) Sonnenstrahlen einen konstanten Winkel bildet. Diese Punkte verteilen sich auf im Allgemeinen geschlossene Raumkurven (gelb eingezeichnet). Die zugehörigen gebrochenen Lichtstrahlen (grün) treffen die Sandfläche in entsprechend verzerrten (rot eingezeichneten) Kurven. Von den „echten" Regenbögen (s. S. 142) wissen wir, dass eine relevante Auffächerung in die Spektralfarben hauptsächlich bei extrem flach einfallendem Licht passiert (Einfallswinkel nahe 90°). Deswegen braucht man für den Effekt flach einfallende Sonnenstrahlen.

In einer lotrechten Ebene durch die Sonne sei der Schnitt mit der Wellenfläche Kurve k, die z. B. eine überlagerte Sinuskurve sein könnte. Machen wir nun die Vereinfachung, dass alle Normalen auch in der lotrechten Ebene liegen. Dann sind geeignete Kandidaten für eine ideale Auffächerung die Punkte, in denen k Tangenten parallel zu den Sonnenstrahlen hat (obere kleine Skizze). Sind die Punkte gar Wendepunkte (untere kleine Skizze), dann tritt der Effekt auch für die Nachbarpunkte ein und verstärkt sich dementsprechend.

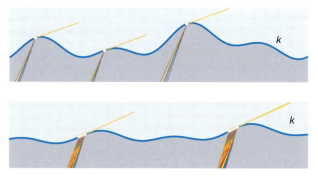

 G. GLAESER **Regenbögen unter der geometrischen Lupe** Proceedings 6. Tagung der DGfGG, 2010

Einsiedlerkrebs vor Sonnenuntergang knapp an der Wasseroberfläche: Alles erstrahlt in Regenbogenfarben!

Farbpigmente oder Schillerfarben?

Manche besonders schillernden Farben in der Natur sind sog. Vielstrahlinterferenzen. Weißes Licht ergibt ein buntes Interferenzmuster, wenn es am Doppelspalt gebeugt wird.

Ein typisches Beispiel, das jeder kennt, ist das Reflektieren einer CD im Licht. Auf S. 36 sehen Sie die Härchen der Stechmücke (im Gegenlicht, das aber im Verhältnis zum Blitzlicht so schwach war, dass trotzdem ein dunkler Hintergrund entstand) in verschiedenen Spektralfarben aufleuchten.

Die Farben der Pfauenfeder stammen nicht von Farbstoffen oder Pigmenten, sondern entstehen durch Beugung an der Mikrostruktur der Federn. Auch das berühmte Blau des Morpho-Falters ist eine „Schillerfarbe". Das Foto auf dieser Seite zeigt einen Detailausschnitt eines Flügels eines Nachtfalters, der die Blitzerei mit dem Lupenobjektiv geduldig hinnahm, ohne Schaden zu nehmen (generell wurden in diesem Buch nur Tiere fotografiert, die sich nach dem Fotoshooting wieder ihren üblichen Beschäftigungen zuwenden konnten).

Die oberen Schuppen leuchten in den typischen Schillerfarben, Rot und Schwarz dürften jedoch auf Farbpigmente zurückzuführen sein.

D. Zawischa **Vielstrahlinterferenz, Schillerfarben** www.itp.uni-hannover.de/~zawischa/ITP/vielstrahl.html
P. Vukusic, J. R. Sambles **Interference of Mulitlayers**
http://newton.ex.ac.uk/research/emag/butterflies/interference_in_multilayers.html

Fischaugenperspektive

Ein Ultra-Weitwinkel-Objektiv erzeugt extreme perspektivische Verzerrungen. Das kann erwünscht oder auch lästig sein. Eine Alternative dazu ist das „Fischaugen-Objektiv", das einen sehr großen Blickwinkel (bis zu 180°) dadurch „erkauft", dass es den Raum gekrümmt abbildet (im Bild auf der rechten Seite ist eine Wendeltreppe abgebildet).

Warum aber heißt das Fischaugenobjektiv so? Sieht womöglich ein Fisch auch so gekrümmt? Nun, von Angesicht zu Angesicht (im Bild ist ein Igelfisch zu sehen, der auf seiner Unterseite einen vergleichsweise sehr großen Schiffshalterfisch „kleben" hat) sieht der Fisch wohl ähnlich wie wir – meist ein bisschen kurzsichtig.

Spannend wird es, wenn der Fisch bei völlig ruhiger Wasseroberfläche die Geschehnisse außerhalb des Wassers beobachtet. Dann sieht er nämlich tatsächlich einen Kreis, innerhalb dessen die Welt oberhalb des Wassers gekrümmt hineinpasst (mit einem Sehwinkel von 180°). Das Phänomen ist in der Tat so faszinierend, dass wir ihm eine weitere Doppelseite widmen wollen (s. S. 154).

 WIKIPEDIA **Fischaugenobjektiv** http://de.wikipedia.org/wiki/Fischaugenobjektiv
WIKIPEDIA **Sinne der Fische** www.planet-wissen.de/natur_technik/tiere_im_wasser/fische/sinne.jsp
H. VOGEL **Fischsicht anschaulich**
http://leifi.physik.uni-muenchen.de/web_ph07_g8/musteraufgaben/02brechung/fischsicht/fischsicht.htm

Wendeltreppe einmal anders: Fischaugen-Objektive bilden durchaus vergleichbar ab, wie man die Welt durch eine völlig glatte Wasseroberfläche sehen würde. Durch gezielten Einsatz der Eigenschaften der Projektion kann man interessante Bildwirkungen erreichen.

Wenn man aus einem Wasserbecken mit absolut glatter Oberfläche blickt, erlebt man durchaus Überraschungen. So sieht man z. B. alles, was sich draußen abspielt, wenn auch verzerrt. Das Abbild der Außenwelt ist von einem exakt definierten Kreis begrenzt, der sich bei perspektivischer Abbildung am Foto oft als Hyperbelast abbildet. Bezeichnen α und β die Winkel eines Lichtstrahls zum Lot vor und nach der Brechung, gilt nach dem Brechungsgesetz $\sin \alpha : \sin \beta = \text{const}$ (bei Luft-Wasser 4/3), somit $\sin \beta = 3/4 \sin \alpha$. Damit ist $0 \leq \alpha \leq 90°$, während $0° \leq \beta \leq \arcsin 3/4 \ (48{,}6°)$ gilt. Alle Lichtstrahlen, die von außen zum Sehzentrum gelangen, verlaufen unter Wasser innerhalb eines lotrechten Drehkegels mit halbem Öffnungswinkel 48,6°. Der Schnitt des

Kegels mit der Oberfläche ist der Grenzkreis. Außerhalb des Grenzkreises kommt es zur Totalreflexion, d. h., die Wasseroberfläche wirkt wie ein Spiegel. Bemerkenswert ist auch die „Bildanhebung": Weil wir beim Hinausblicken den Knick des Strahls nicht berücksichtigen, erscheinen Punkte knapp über der Oberfläche stark angehoben (siehe linke Seite und nächste Doppelseite).

Das obere Bild (Kopfsprung) weist auch eine Hyperbel als Grenzlinie zur Außenwelt auf. Diesmal handelt es sich aber nicht um den Grenzkreis, sondern um den Schnittkreis der kugelförmigen Glasscheibe vor der Linse (Domeport) mit der Wasseroberfläche: Die Kamera wurde so gehalten, dass ein Teil des Dompeports aus dem Wasser ragte.

 CHRISTIAN-ALBRECHTS-UNIVERSITÄT ZU KIEL **Brechungsgesetz und Brechungsindex**
www.ieap.uni-kiel.de/lehre/nebenfach/praktika/bioprakt/Downloads/V10_Brechungsgesetz_und_Brechungsindex.pdf

Totalreflexion und Bildanhebung

Diese Weitwinkelaufnahme eines weißen Hais, der mit seiner Rückenflosse die Oberfläche schneidet, war Ausgangspunkt der hier dargestellten Untersuchung. Über dem Hai sind bräunlich-rote Flächen zu sehen, über der Rückenflosse (rot eingekreist) weiße Flecken. Dies war auf drei Bildern einer Serienaufnahme ganz ähnlich. Um zu beweisen, dass es sich bei den bräunlichen Flecken um die Totalreflexion des Rückens und bei den weißen womöglich um die außerhalb des Wassers befindliche Dreiecksflosse handelt, wurde mit einem Modell und gleicher Kameraeinstellung in der Badewanne „nachfotografiert" (großes Bild rechte Seite). Die Totalreflexion ist dort schön zu sehen, sie endet relativ abrupt an einem Grenzkreis (weiß eingezeichnet, im Bild hyperbelförmig gekrümmt). Anschließend an den Grenzkreis ist die (rot eingekreiste) angehobene und außer Wasser befindliche Dreiecksflosse deutlich zu erkennen.

H. Hoellner, C. Primetshofer **Fotos zur Brechung und Totalreflexion**
https://elearning.mat.univie.ac.at/physikwiki/index.php/LV002:LV-Uebersicht/Videos/Brechung_1
T. Haist **Optische Phänomene in Natur & Alltag** www.optipina.de/optipinaSmall.pdf

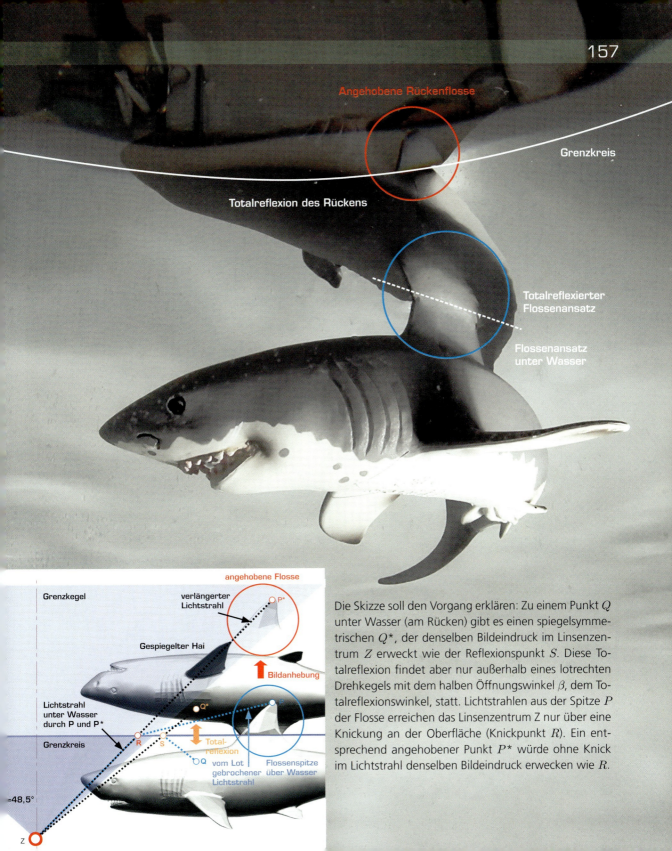

Die Skizze soll den Vorgang erklären: Zu einem Punkt Q unter Wasser (am Rücken) gibt es einen spiegelsymmetrischen Q^*, der denselben Bildeindruck im Linsenzentrum Z erweckt wie der Reflexionspunkt S. Diese Totalreflexion findet aber nur außerhalb eines lotrechten Drehkegels mit dem halben Öffnungswinkel β, dem Totalreflexionswinkel, statt. Lichtstrahlen aus der Spitze P der Flosse erreichen das Linsenzentrum Z nur über eine Knickung an der Oberfläche (Knickpunkt R). Ein entsprechend angehobener Punkt P^* würde ohne Knick im Lichtstrahl denselben Bildeindruck erwecken wie R.

Einmal Fischauge und zurück!

Kann man eine Fischaugen-Fotografie (unten) in eine gewöhnliche Weitwinkelfotografie (unteres Bild rechte Seite) verwandeln und umgekehrt? Die Antwort lautet ja, aber mit Qualitätsverlust. Alle Objektive sind rotationssymmetrisch. Ein Raumpunkt P soll mit konstantem Linsenzentrum und fester optischer Achse a einmal mit einem Fischaugenobjektiv (Bildpunkt P_1), ein zweites Mal mit einem Weitwinkelobjektiv fotografiert werden (Bildpunkt P_2). Dann liegen P_1 und P_2 in einer Meridianebene durch a und in der Sensorebene auf einem Radialstrahl durch den Hauptpunkt (Sensor-Mittelpunkt). Ihre Radialabstände r_1 und r_2 erfüllen eine umkehrbare Funktion $r_2 = r_2(r_1)$, weil jedem r_1-Wert in eindeutiger Weise ein r_2-Wert entspricht und umgekehrt.

Für je zwei Fixobjektive kann man durch Kalibrieren die Funktion gut durch eine Polynomfunktion annähern und damit zwischen den Objektiven „hin- und herrechnen". Einziger Nachteil: nachdem die Bilder pixelweise abgespeichert sind, aber nicht jedem Pixel im einen Bild genau ein Pixel im anderen Bild entspricht, verliert man an Auflösung. Eine gute Kontrolle, ob die Sache auch wirklich funktioniert, hat man, wenn sämtliche Geraden der abgebildeten Szene, die im Fischaugenbild i. Allg. gekrümmt erscheinen, in der Weitwinkelaufnahme geradlinig erscheinen. Im oberen Bild auf der rechten Seite ist dies relativ gut der Fall, wenn auch nicht perfekt. Zum Trost: Selbst Aufnahmen mit relativ guten extremen Weitwinkel-Objektiven haben Kisseneffekte.

Fischaugen-Aufnahme

G. Glaeser (Author), L. Neumann, M. Sbert, B. Gooch, W. Purgathofer (Editors)
Nonlinear Perspectives in Science, Arts and Nature
Computational Aesthetics 2005 - Eurographics Workshop on Computational Aesthetics in Graphics (pp. 123-132)

9 Verteilungsprobleme

Gleichverteilung auf Flächen

Die giftigen Haare mancher Schmetterlingsraupen sind ein guter Schutz vor Feinden (beim Menschen können sie zu juckenden Ekzemen und Nesselfieber führen, in schlimmeren Fällen aber auch Asthma-Anfälle oder einen anaphylaktischen Schock auslösen). Folgendes Beispiel ist nicht „an den Haaren herbeigezogen", sondern lebenswichtig: Wie muss die Raupe ihre Haarbüschel verteilen, um optimal vor Fressfeinden geschützt zu sein? Nähern wir den Körper der gestreckten Raupe durch einen Drehzylinder an (Bilder links, unten), jenen der eingerollten Raupe durch einen Torus (Bilder mitte, rechts). Nun suchen wir eine Punktverteilung auf der Oberfläche, welche die Abstände einer gegebenen Anzahl von Punkten minimiert. Der zugehörige Com-

puteralgorithmus simuliert Federn zwischen einander abstoßenden Punkten und nähert sich in vielen kleinen Schritten – vergleichbar der Evolution der Raupe – der optimalen Lösung. Großes Bild: Eine Löwenzahnblüte, bei welcher der Wind bereits die oberen Samen verweht hat. Auch hier kommen evolutionäre Überlegungen ins Spiel: Je mehr Samen der Löwenzahn anordnen kann, desto erfolgreicher ist die Vermehrung.

WIKIPEDIA **Force-based algorithms** http://en.wikipedia.org/wiki/Force-based_algorithms_(graph_drawing)

Wenn am frühen Morgen die abgekühlte Luft Wasserdampf an Blättern (rechts) oder Spinnennetzen (links) kondensieren lässt, entstehen wundervolle Konstellationen von einigermaßen gleich großen Wasserkügelchen. Kugeln deshalb, weil durch die Oberflächenspannung möglichst große Volumina eingeschlossen werden, gleich groß deshalb, weil die Moleküle durch Kohäsionskräfte aus „strategischen Zentren" (etwa gleichverteilten Punkten) angezogen wegen. Die Tropfen im Spinnennetz haben etwa 1-2 mm Radius, ebenso wie die kleinsten Tropfen am Blatt. Wenn sich 64 Kügelchen zu einem größeren vereinigen, entsteht ein Tropfen mit vierfachem Durchmesser (s. S. 224).

U. Brodatzki **Statische Physik stochastischer Geometrien**
http://elpub.bib.uni-wuppertal.de/edocs/dokumente/fbc/physik/diss2003/brodatzki/dc0305.pdf

Berührungsprobleme

Großes Foto rechte Seite: Ein Eingangstor, bestehend aus einander berührenden Kreisen. Es erhebt sich die Frage, ob es möglich ist, durch Hinzufügen weiterer Kreise irgendwann ein „geschlossenes Gebilde" zu erzeugen, wo jeder Kreis genau drei andere berührt. Es funktioniert erstaunlicherweise. Man muss nur solange Kreise einfügen, bis nur mehr (durch Kreisbögen berandete) „Dreiecke" übrigbleiben, in die dann eindeutig ein weiterer Kreis passt.

Besonders schnell und elegant funktioniert dieses iterierte Einsetzen von Kreisen, wenn der Rand kein Rechteck ist, sondern ein von drei gleich großen, einander berührenden Kreisbögen gebildet wird (großes Computerbild auf dieser Seite).

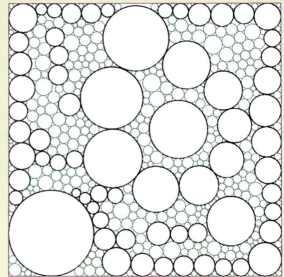

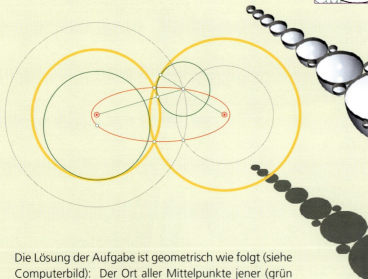

Die Lösung der Aufgabe ist geometrisch wie folgt (siehe Computerbild): Der Ort aller Mittelpunkte jener (grün eingezeichneten) Kreise, die zwei gegebene (orange eingezeichnete) Kreise berühren, ist ein Kegelschnitt.

Jene Kreise, welche drei gegebene Kreise berühren, findet man dementsprechend, indem man zwei solche Kegelschnitte zum Schnitt bringt. Das ist zwar nicht mit Zirkel und Lineal alleine möglich (außer in Spezialfällen), weil es auf eine Gleichung 4. Ordnung führt, aber dennoch mathematisch exakt lösbar.

D. Eppstein **Apollonian Circles** www.ics.uci.edu/~eppstein/junkyard/tangencies/apollonian.html

Eine platonische Lösung

Gesehen am Flughafen von Kopenhagen: Designer-Lampen mit nicht-trivialer Geometrie! Hier mussten zwei Fragen gelöst werden: Wie verteile ich die vier Arme der Lampe gleichmäßig und wie runde ich die Schnittkurven aus?

WIKIPEDIA **Tetraeder** http://de.wikipedia.org/wiki/Tetraeder

Die Lösung der ersten Frage ist relativ einfach: Die Höhen im regelmäßigen Tetraeder (einer der fünf platonischen Körper) schneiden einander aus Symmetriegründen unter gleichem Winkel. Um diesen zu bestimmen, nutzen wir die Tatsache aus, dass ein Tetraeder ganz leicht wie im Bild rechts aus einem Würfel ausgeschnitten werden kann, wobei die Würfelmitte auch Tetraedermitte ist. Wenn der Würfel die Kantenlänge 2 hat, haben wir

$$\overrightarrow{MA} = \begin{pmatrix} -1 \\ -1 \\ -1 \end{pmatrix}, \ \overrightarrow{MB} = \begin{pmatrix} 1 \\ 1 \\ -1 \end{pmatrix}$$

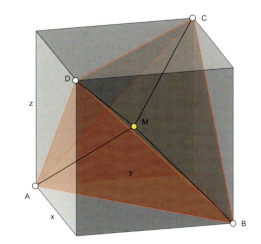

Um den Kosinus des eingeschlossenen Winkels zu ermitteln, sind die Vektoren zu normieren und skalar miteinander zu multiplizieren:

$$\cos \varphi = \frac{1}{\sqrt{3}} \begin{pmatrix} -1 \\ -1 \\ -1 \end{pmatrix} \cdot \frac{1}{\sqrt{3}} \begin{pmatrix} 1 \\ 1 \\ -1 \end{pmatrix}$$

$$= -\frac{1}{3} \Rightarrow \varphi \approx 109{,}5°$$

Nun noch zu der Ausrundungsfläche entlang der Schnittellipse zweier Drehzylinder: Man führt eine Kugel mit vorgegebenem Ausrundungsradius so entlang, dass sie stets beide Zylinder berührt. Aus Symmetriegründen liegt der Ort der Mittelpunkte in derselben Ebene wie die Schnittellipse.

Bei Projektion in Achsenrichtung erscheint die Mittellinie kreisförmig und ist daher im Raum eine Ellipse. Die Ausrundungsfläche ist somit eine so genannte Rohrfläche mit einer Ellipse als Mittellinie, vergleichbar mit einem Torus, bei dem die Mittellinie allerdings ein Kreis ist.

Stachelige Gleichverteilung

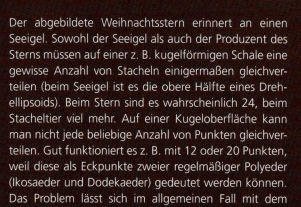

Der abgebildete Weihnachtsstern erinnert an einen Seeigel. Sowohl der Seeigel als auch der Produzent des Sterns müssen auf einer z. B. kugelförmigen Schale eine gewisse Anzahl von Stacheln einigermaßen gleichverteilen (beim Seeigel ist es die obere Hälfte eines Drehellipsoids). Beim Stern sind es wahrscheinlich 24, beim Stacheltier viel mehr. Auf einer Kugeloberfläche kann man nicht jede beliebige Anzahl von Punkten gleichverteilen. Gut funktioniert es z. B. mit 12 oder 20 Punkten, weil diese als Eckpunkte zweier regelmäßiger Polyeder (Ikosaeder und Dodekaeder) gedeutet werden können. Das Problem lässt sich im allgemeinen Fall mit dem Computer so simulieren, dass man die Punkte auf der Oberfläche „schwimmen" lässt, wobei sich ein Energieminimum oder Kräftegleichgewicht einstellen soll. So ergibt sich iterativ die beste Lösung. Das Ergebnis könnte dann durchaus vergleichbar zu dem sein, was man in der Vergrößerung auf der Kalkschale des Seeigels sieht (großes Foto rechts). Die Größe der kreisförmig umrandeten Ansatzpunkte der Stacheln wäre dabei ein Maß für die auftretenden Kräfte. Bemerkenswert sind die in der Bildmitte zu erkennenden Poren im Kalkpanzer, die einen Flüssigkeits- und Gasaustausch ermöglichen.

171

WIKIPEDIA **Thomson problem** http://en.wikipedia.org/wiki/Thomson_problem

Oberflächen unter Zugzwang

Weichkorallen sind Tierkolonien, die aus vielen Einzelpolypen bestehen (Bild rechte Seite). Sie können sich oft strecken und stabilisieren, indem sie Wasser in den Körper pumpen oder ablassen. Der „Basiskörper" wird zudem durch kleine Kalknadeln versteift. Im konkreten Fall wurde nun versucht, diesen Basiskörper grob anzunähern (rechts unten) und die so entstandene – noch eher plumpe – geometrische Form gewissen Veränderungen zu unterwerfen, bis zumindest optisch gute Übereinstimmung vorliegt. Das soll eine Hypothese ergeben, ob diese Lebewesen tatsächlich vergleichbaren Bedingungen ausgesetzt sind.

Die folgende Simulation muss natürlich wegen der auftretenden Komplexität ein Computer machen: Man überzieht die geometrische Ausgangsform mit einem Polygon-Netz. Die Punkte dieses Netzes sollen nun wie Magnete wirken, die sich geringfügig anziehen. Auf diese Weise werden sich die Punkte in einem ersten Schritt neu positionieren und auftretende Anziehungen ein wenig geringer ausfallen. Wiederholt man das Verfahren für die neu erhaltene Fläche, ergibt sich eine noch bessere Variante, usw. Schon nach einigen Dutzend Iterationsschritten wirkt die Oberfläche natürlich ausgerundet, an manchen Stellen verjüngt, anderswo verdickt (grünes Modell unten).

Die Oberflächen von elastischen natürlichen Gebilden scheinen also tatsächlich Oberflächenspannungen verringern zu wollen. Ist das Gebilde beweglich (wie die Weichkoralle), wird sich dynamisch in der Strömung immer wieder ein neuer optimierter Baum ergeben. Unten links ist eine andere Weichkoralle abgebildet.

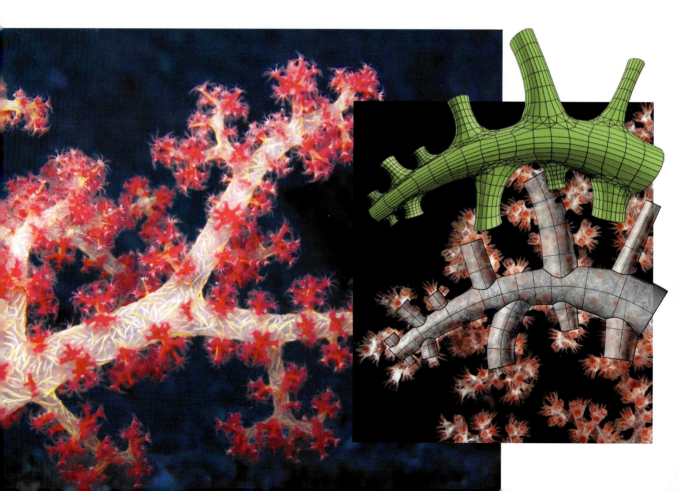

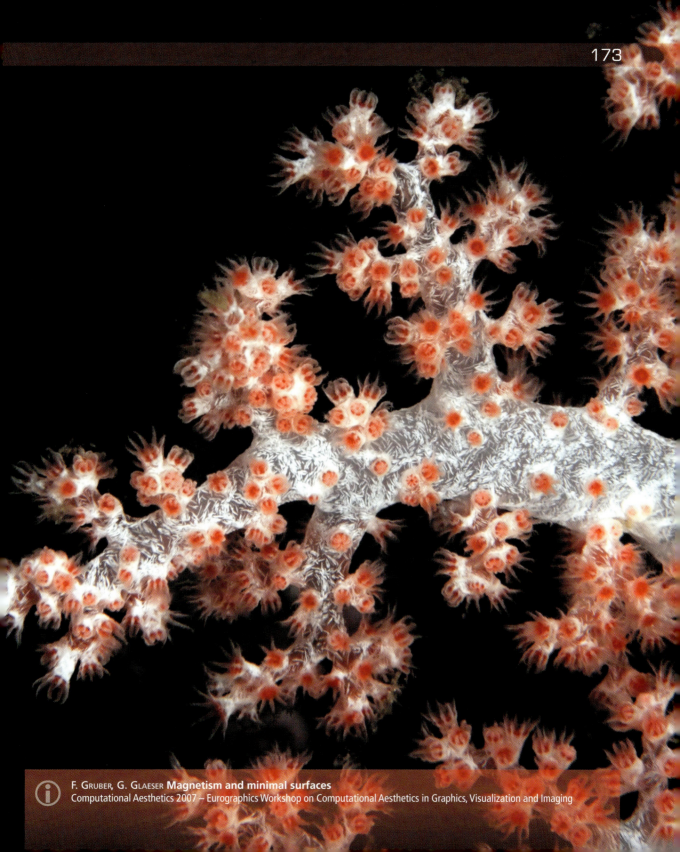

F. Gruber, G. Glaeser **Magnetism and minimal surfaces**
Computational Aesthetics 2007 – Eurographics Workshop on Computational Aesthetics in Graphics, Visualization and Imaging

Nicht ungefährlich

WIKIPEDIA **Dekompressionskrankheit** http://de.wikipedia.org/wiki/Dekompressionskrankheit
MEERWASSER-LEXIKON **Zwergseepferdchen** www.meerwasser-lexikon.de/tiere/1459_Hippocampus_bargibanti.htm

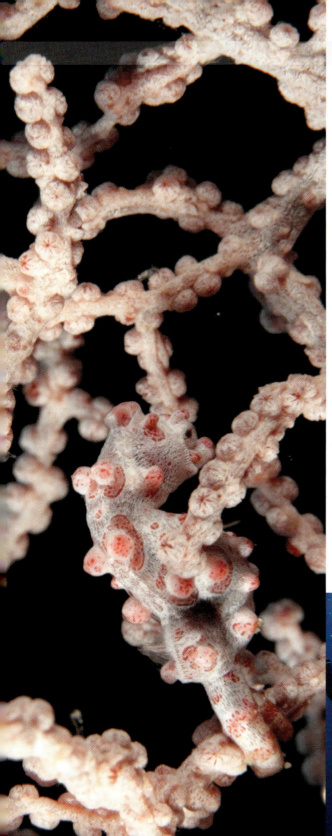

Suchbild links: Irgendwo in den Korallenästen sitzt ein Exemplar einer Spezies, die erst 1969 durch Zufall entdeckt wurde. Kein Wunder, leben sie doch in 35m Tiefe und darunter! Rot ist dort unten die Tarnfarbe (s. S. 188). Das Zwerg-Seepferdchen ist ausgestreckt keine 2cm lang (siehe linke Seite, wahrscheinlich ein schwangeres Männchen).

Was aber soll daran gefährlich sein? Viele Sporttaucher wollen die Tierchen sehen und fotografieren. Das Finden dauert, selbst wenn man schon recht genau weiß, wo sie sich aufhalten, ein paar Minuten. Bleiben weitere wenige Minuten, um gute Fotos zu machen. Danach hat der Körper – ähnlich der Situation in einer Sektflasche – bei 4,5 bar Druck (= 1 bar Luftdruck plus 1 bar Wasserdruck pro 10 m Tiefe) nach den Gasgesetzen bereits so viel Stickstoff aus der Atemluft angereichert, dass es kritisch wird und man ohne Umschweife mit dem (langsamen!) Aufstieg beginnen sollte.

Wer der Versuchung erliegt und weiter fotografiert, läuft Gefahr, an „bends" zu erkranken, was sehr schmerzhaft und schlimmstenfalls tödlich sein kann.

Einzige Alternative (Bild unten): Noch mehr Flaschen mitnehmen und in gewissen Tiefen genau vorgeschriebene „Dekompressionsstopps" einlegen ...

Druckverteilung

Auf dieser Doppelseite sind potentielle Anwärter aus dem Tierreich für maximalen Bodendruck zu sehen. Das mit Abstand schwerste Tier ist der Elefant. Der hat aber sehr dicke Beine und selten mehr als ein Bein in der Luft (Elefanten sind die einzigen Säugetiere, die nicht springen können). Druck ist definiert als Kraft pro Flächeneinheit. 6000 kg Masse drücken im Ruhezustand mit 6000 kp auf die Erdoberfläche.

Verteilt sich das Gewicht auf vier Kreisscheiben mit 3 dm Durchmesser, wirken ca. 850 kp/dm^2. Giraffen (1000 kg Masse) können gut treten oder auch galoppieren, wobei dann u. U. das ganze Gewicht auf einem Huf lastet (über 1000 kp/dm^2). Rinder haben auch bis zu 1000 kg Masse, aber kleinere Hufe und sind womöglich noch „eindringlicher". Sie haben z. B. im Laufe der Jahrhunderte durch ihre Tritte die typischen Almlandschaften „gestampft".

Bei Tieren mit ähnlicher Gestalt (z. B. junge bzw. erwachsene Tiere) nimmt der Bodendruck linear mit dem Längenmaßstab (z. B. der Schulterhöhe) zu, weil das Gewicht mit der dritten Potenz, die Auftrittsfläche aber quadratisch zunimmt.

Das Foto oberhalb zeigt sehr unterschiedliche Abdrücke im Sand. Der menschliche Fußabdruck ist relativ wenig eingetreten, bemerkenswerterweise auch der Pferdehuf. Das Fahrrad, das ja einen Menschen trägt und eine kleine Auftrittsfläche hat, sinkt schon tiefer ein, wird aber vom Ochsen übertroffen.

G. Glaeser **Der mathematische Werkzeugkasten** 3. Aufl., Spektrum akademischer Verlag, Heidelberg, 2008

Artefakte am Bildschirm

Beim Betrachten der Grafik rechts fallen seltsame Muster auf, die an Scharen von gleichseitigen Hyperbeln erinnern. Allerdings entstehen diese Muster an verschiedenen Stellen, wenn die Figur in anderer Größe abgebildet ist.

Das Bild in der Mitte ist eine Detailvergrößerung unseres Kreis-Motivs. Die transparenten RGB-Farben erzeugen auf kleinstem Raum eine Unzahl leicht unterschiedlicher Flecken. Auch die weiß bleibenden Zwischenräume sind niemals gleich.

Ein Mathematiker denkt beim Anblick der Hyperbelscharen vielleicht daran, dass gleichsinnige Hyperbeln auch dadurch erzeugt werden können, dass zwei Stäbe a und b sich um zwei feste Punkte A und B mit entgegengesetzt gleicher Winkelgeschwindigkeit drehen (Bild unten). Der Schnittpunkt P von a und b wandert dann längs einer Hyperbel.

Aber die Sache ist nicht so deterministisch, sondern hängt von der Auflösung bzw. Größe des Bilds ab. Es handelt sich schlichtweg um eine Täuschung, die unter dem Namen Moiré-Effekt („Marmorierungs-Effekt") bekannt ist. Solche Effekte treten u. A. auch beim Einscannen von Bildern auf, wenn diese leicht verdreht sind (Bild rechts unten). Man kann die Artefakte mit Software bis zu einem gewissen Grad „herausrechnen".

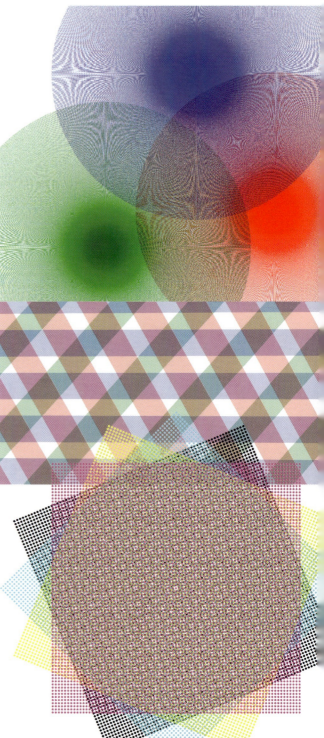

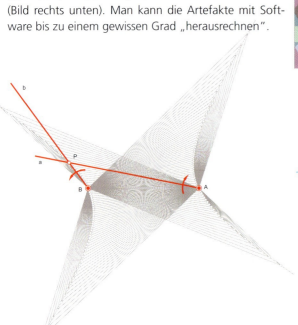

Moiré-Effekt bei Überlagerung von feinmaschigen Netzen

ⓘ WIKIPEDIA **Moiré-Effekt** http://de.wikipedia.org/wiki/Moiré-Effekt

Gewichtsschwankungen

Geringe Unterschiede in der Dichte können u. U. große Wirkungen zeigen. Im Bild links sieht man, wie sich Nebel beharrlich in einem Gebirgstal hält. Die Obergrenze des Nebels ist fast wie die Oberfläche einer Flüssigkeit. Der Grund ist derselbe: Die Flüssigkeit oder eben der Nebel ist schwerer als Luft und füllt damit den „Boden" des Tals aus. Das Wort „Nebelsuppe" trifft also die Sachlage sehr gut.

Das Bild rechts zeigt ein Galilei'sches Thermometer: In einer durchsichtigen Flüssigkeit schweben Glaskörper, die mit Luft und einer Flüssigkeit gefüllt sind. Diese Gefäße besitzen eine genau kalibrierte Dichte, die sich nur marginal von der Dichte der umgebenden Flüssigkeit unterscheidet. Die Gewichtsdifferenz von Gefäß zu Gefäß darf nur ein bis zwei Tausendstel Gramm betragen!

Je nach Temperatur der umgebenden Flüssigkeit (= Raumtemperatur) schweben einzelne Gefäße, liegen am Boden oder schwimmen an der Oberfläche. Das unterste schwebende Gefäß gibt die Raumtemperatur an (im konkreten Fall 22°C).

Wikipedia **Galileo-Thermometer** http://de.wikipedia.org/wiki/Galileo-Thermometer
C. Ucke, H.-J. Schlichting **Das Galilei-Thermometer** http://users.physik.tu-muenchen.de/cucke/ftp/lectures/galilei.pdf

10 Einfache physikalische Phänomene

Die Newton'schen Axiome

Isaac Newtons Gesetze gehören zum klassischen Lehrstoff der Physik und sind für das Verständnis der Mechanik nicht wegzudenken. Stark verkürzt lauten sie:

1. Trägheitsprinzip: Ein Körper verharrt im Zustand der Ruhe oder der gleichförmig geradlinigen Bewegung, solange keine äußeren Einflüsse auf ihn wirken.

2. Beschleunigungsprinzip: Durch eine einwirkende Kraft wird ein Körper proportional zur Kraft in jene Richtung beschleunigt, in der die Kraft wirkt.

3. Wechselwirkungsprinzip: Übt ein erster Körper auf einen zweiten Körper eine Kraft aus, so übt der zweite gleichzeitig eine gleich große und entgegengesetzt wirkende Kraft auf den ersten Körper aus.

M. Muetzberg **Newton'sche Axiome** http://www.bio-chart.com/mm/newton.html
Wikipedia **Impulserhaltungssatz** http://de.wikipedia.org/wiki/Impulserhaltungssatz

Das Beschleunigungs- bzw. Wechselwirkungsgesetz lässt sich besonders schön mit dem Kugelstoßpendel (auch Newton'sche Wiege genannt) illustrieren:

Hebt man auf einer Seite eine Kugel ab und lässt sie gegen die verbleibenden schlagen, wird der elastische Stoß solange von Kugel zu Kugel weitergegeben, bis die gegenüberliegende Kugel gleich stark wegbeschleunigt wird. Hebt man zwei Kugeln ab, dann ist der Impuls doppelt so stark, wodurch sich zwei Kugeln auf der anderen Seite wegbewegen, was auch aus dem Impuls- und Energieerhaltungssatz folgt.

Die kleinen Tiger im Tiergarten Schönbrunn versuchen das Wechselwirkungsprinzip auf ihre Art zu erfassen und evtl. zu lernen, wie man einen gleich starken Gegner doch irgendwie „austricksen" kann: Geringe Abweichungen vom „idealen Stoß" können nämlich bereits große Wirkungen zeigen, etwa eine Rotation um die gemeinsame Achse.

Rückstoß und Saugwirkung

Das Rückstoßprinzip folgt aus dem 3. Newton'schen Axiom. Es wird ein Antriebsmedium nach hinten ausgestoßen, was das Objekt nach vorn beschleunigt. Kalmare z. B. bewegen sich sehr effizient (raketenartig) mittels Rückstoß fort. Dazu pressen sie, gesteuert über die rüsselartige Verlängerung des Ausgangs, Wasser mit hohem Druck aus der Mantelhöhle. Der Vorteil des Rückstoßprinzips ist, dass es auch im Vakuum funktioniert. Deswegen funktioniert ja auch der Raketenantrieb so.

Eine weitere Spezialität sind ihre mit Saugnäpfen versehenen Tentakel, die „in der Riesenausfertigung" schon so manchen Pottwal auf seinen Raubzügen in 1000-2000 m Tiefe Verletzungen gekostet hat. Die Saugnäpfe auf der rechten Seite stammen von einem Oktopus. Mit ihrer Hilfe wird das potentielle Futter über Unterdruck festgesaugt.

R. Nordsieck **Kalamar** www.tierenzyklopaedie.de/tiere/kalmar.html
Wikipedia **Kraken** http://de.wikipedia.org/wiki/Kraken

Selektive Farbauslöschung

Wenn der Anteil einer Spektralfarbe pro Meter um 10% abnimmt, wann ist nur noch die Hälfte der Intensität vorhanden? Das Problem führt auf die Exponentialgleichung $0{,}9^x = 0{,}5$. Diese löst man durch Logarithmieren:

$$x \log 0{,}9 = \log 0{,}5 \quad (x = 6{,}6\text{m}).$$

Die abgebildeten Delfine wurden in ca. 15m Tiefe aufgenommen, das vorderste Tier war 1m entfernt. Das Oberflächenlicht, in dem alle Spektralfarben enthalten sind, hat also 16m zurückgelegt, bevor es auf den Sensor gelangt ist.

Die Rottöne nehmen ungleich schneller ab als die Blautöne. Deswegen sind Unterwasserbilder blaustichig und umso schwerer in „Echtfarbe" zu konvertieren, je weiter das Objekt entfernt ist bzw. je tiefer man beim Fotografieren war. Deshalb erscheint tiefes Wasser auch tiefblau (nicht nur wegen der Spiegelung des blauen Himmels).

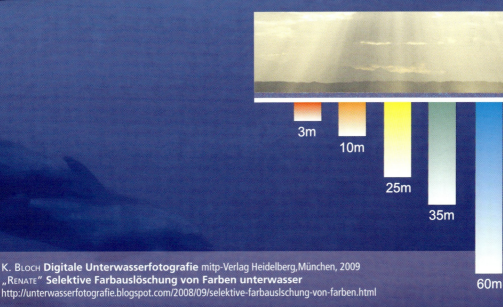

K. Bloch **Digitale Unterwasserfotografie** mitp-Verlag Heidelberg, München, 2009
„Renate" **Selektive Farbauslöschung von Farben unterwasser**
http://unterwasserfotografie.blogspot.com/2008/09/selektive-farbauslschung-von-farben.html

Relativgeschwindigkeiten

Im oberen Bild wird die Kamera mit dem vorderen Zweirad mitgeführt (genauer: mitgeschwenkt), das mit Geschwindigkeit v unterwegs ist. Trotz der vergleichsweise langen Belichtungszeit (1/40 s) erscheint das Fahrzeug samt Fahrer nicht verwackelt. Durch die Bewegung der Kamera hat der Hintergrund die „negative Geschwindigkeit" $-v$ und verschwimmt. Jetzt die Detektivfrage: Hat der Motorradfahrer gerade das (unscharf abgebildete) Fahrzeug überholt oder ist es umgekehrt? Nun, man kann die Frage tatsächlich nur dann mit einiger Wahrscheinlichkeit beurteilen, wenn man weiß, dass in dem Land, wo die Szene fotografiert wurde, Rechtsverkehr herrscht und sich die beiden Fahrer an die Straßenverkehrsordnung halten. Theoretisch wäre es auch möglich, dass das hintere Zweirad gerade überholt.

 E. Leitner, U. Finckh, F. Fritsche **Fahrt auf der Autobahn**
www.leifiphysik.de/web_ph08/musteraufgaben/04_geschwindigkeit/autobahn/autobahn.htm

Was ist bei dem fast wie ein Gemälde anmutenden Foto eines offensichtlich sehr regelmäßig gepflanzten Jungwalds passiert? Die Bäume im Hintergrund sind scharf, jene im Vordergrund aber nicht „gewöhnlich unscharf" sondern seltsam verschwommen. Wenn man selber der Fotograf war, ist die Erklärung rasch gegeben: Das Bild entstand beim Fotografieren aus einem schnell fahrenden Auto. Ohne diese 110 km/h (ca. 30 m/s) wäre das Foto wohl gestochen scharf geworden. Die Belichtungszeit betrug kurze 1/1000 s. Bei -30 m/s Relativgeschwindigkeit bewegt sich der Wald 3 cm gegen die Fahrtrichtung. Das ist optisch bei den weiter entfernten Punkten kaum wahrnehmbar, bei den vordersten Bäumen sehr wohl. Man betrachte auch das Foto auf S. 98 unten links (unscharfer Zug).

Das aerodynamische Paradoxon

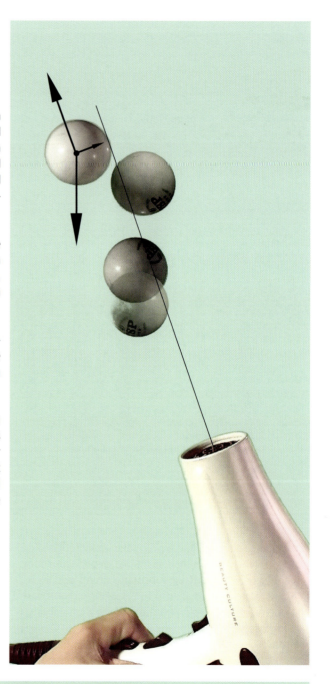

Was macht ein Tischtennisball, der in den Luftstrom eines Haarföns gelangt? Man möchte meinen, er wird „weggepustet" und fällt danach zu Boden. Es stellt sich jedoch ein fast magischer Zustand ein: Der Ball wird zwar vom Luftstrom auf Distanz gehalten, aber er wird gleichzeitig immer wieder vom Strom seitlich angesogen, fällt daher nicht zu Boden.

Das Geheimnis dahinter ist, dass ein Luftzug, der eine höhere Geschwindigkeit hat als seine Umgebung, einen Unterdruck erzeugt. Das ist nicht unmittelbar einsichtig, wird daher als Paradoxon bezeichnet und wurde von Johann Bernoulli 1738 mathematisch beschrieben.

Auf den Ball wirken nun 3 Kräfte: Eine in Strömungsrichtung, eine zweite zum Erdmittelpunkt und eine dritte in etwa senkrecht zur Strömungsrichtung. Heben sich die drei Kräfte auf, schwebt der Ball.

Das Paradoxon bildet die Grundlage der gesamten Flugindustrie. Wenn es gelingt, auf der Oberseite eines Tragflügels eine höhere Geschwindigkeit als auf der Unterseite zu erhalten, kann das Flugzeug von der Luft getragen werden. Diesen Geschwindigkeitsunterschied erreicht man durch gezielte Verwirbelung: Die scharfe hintere Kante des Flügels erzeugt einen ersten Wirbel.

WUNDERSAMES SAMMELSURIUM **Bernoulli-Effekt** www.wundersamessammelsurium.info/mechanisches/bernoulli/index.html
MODELLFLUGGRUPPE OBWALDEN **Warum fliegt ein Flugzeug?** www.mgow.ch/erstflug_warum_fliegt_ein_flugzeug.htm
WIKIPEDIA **Coanda-Effekt** http://de.wikipedia.org/wiki/Coanda-Effekt

Bei geeignetem Tragflügelprofil entsteht als Reaktion auf den hinteren Wirbel ein Gegenwirbel über den Vorderteil, der im unteren Bereich die Geschwindigkeit der vorbeiströmenden Luft verringert, ja in der resultierenden sogar von unten auf den Flügel drückt.

Auf der Oberseite addieren sich die Geschwindigkeiten und es entsteht ein Sog (siehe Skizze). Der Gegenwirbel wirkt nach dem Coanda-Effekt entlang der konvexen Oberseite. Im Foto links oben sieht man sogar einen Wirbel an einer Hinterkante, allerdings wegen der Eigengeschwindigkeit des Flugzeugs „gestreckt".

In der Fotoserie sieht man die verschiedenen Stellungen der Klappen: Links eine Mittelstellung unmittelbar vor dem Abheben, in der Mitte in oberster Position während des Flugs (sonst bremst der Flügel zu stark), und rechts beim Aufsetzen zum Bremsen und Langsamfliegen voll ausgefahren.

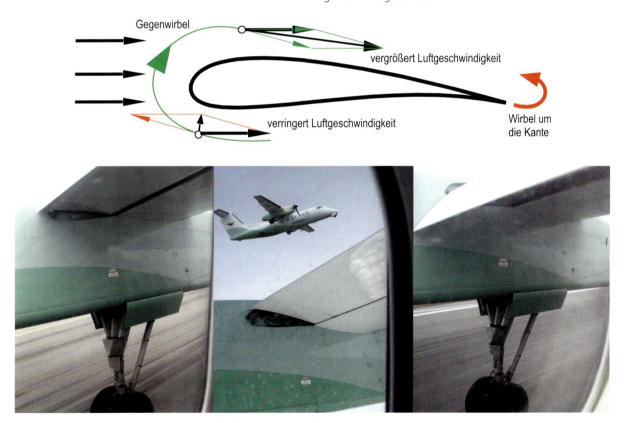

Der schnellste Weg

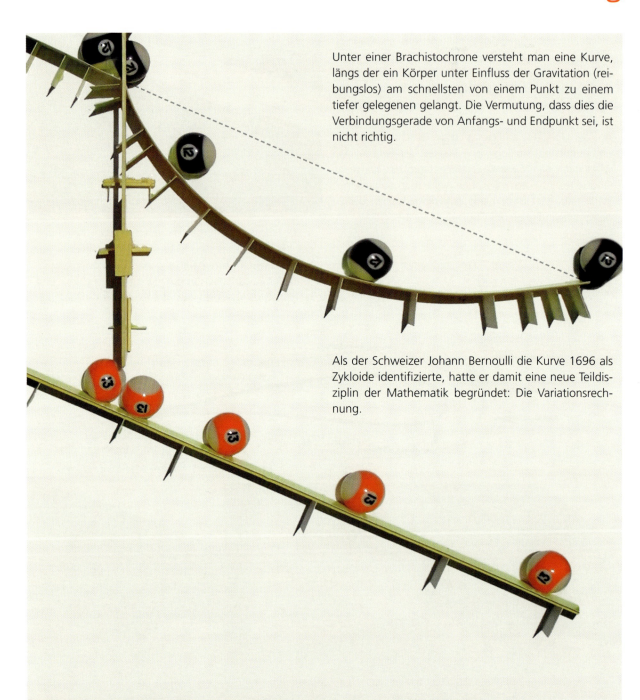

Unter einer Brachistochrone versteht man eine Kurve, längs der ein Körper unter Einfluss der Gravitation (reibungslos) am schnellsten von einem Punkt zu einem tiefer gelegenen gelangt. Die Vermutung, dass dies die Verbindungsgerade von Anfangs- und Endpunkt sei, ist nicht richtig.

Als der Schweizer Johann Bernoulli die Kurve 1696 als Zykloide identifizierte, hatte er damit eine neue Teildisziplin der Mathematik begründet: Die Variationsrechnung.

WIKIPEDIA **Brachistochrone** http://de.wikipedia.org/wiki/Brachistochrone

Die Bilder zeigen die große und kleine Schanze in Bischofshofen (Salzburg). Der Anlauf ist zunächst geradlinig und dann parabelförmig. Hier geht es nicht darum, dass der Springer in kürzester Zeit das Schanzenende erreicht, sondern dass er beim Absprung maximale Geschwindigkeit (etwa 100 km/h = 28 m/s) im richtigen Absprungwinkel umsetzen kann. Die Sprungweite ist proportional zur Absprunggeschwindigkeit. Die Geschwindigkeit beim Verlassen der Schanze ist zumindest theoretisch immer gleich, weil es nur auf den Höhenunterschied ankommt.

Extreme Kurvenlage

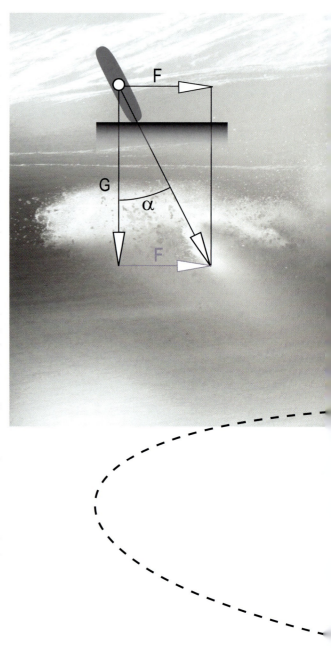

Wenn Hochgeschwindigkeitszüge oder Motorräder eine Kurve fahren, Flugzeuge oder Schwalben Kurven fliegen oder Schifahrer und Snowboarder carven: Immer ist eine recht genau definierte „Kurvenlage" erforderlich. Bei Zügen sind die Querschnitte der Schienen unter vorbereiteten Winkeln geneigt und damit für angegebene Geschwindigkeiten geeignet.

Kurvenneigung α, Momentangeschwindigkeit v und Kurvenradius r lassen sich in einfachem Zusammenhang bringen, indem man das Kräfteparallelogramm betrachtet, das vom Gewichtsvektor G mit Länge mg und dem Fliehkraftvektor F mit Länge mv^2/r aufgespannt wird. Daraus ergibt sich unabhängig von der Masse m:

$$\tan \alpha = \frac{F}{G} = \frac{v^2}{gr}$$

Die Geschwindigkeit geht also quadratisch in die Formel ein. Konkretes Beispiel: Der abgebildete Extrem-Carver fährt eine Kurve mit Radius $r = 5$ m bei einer Geschwindigkeit von $v = 12$ m/s. Bei ihm gilt $\tan \alpha = 2{,}88$, d. h., das Board muss 71° hochgekantet sein, um den Schwung stabil durchstehen zu können. Dabei wirkt mehr als die dreifache Erdbeschleunigung auf seinen Körper.

Das „in den Schnee Greifen" ist bei einer durchaus üblichen Hanglage von 20° eine physikalische Notwendigkeit: Der Körper muss geradezu am Schnee schleifen, wenn der Sportler den Schwung schaffen will.

Rechts sieht man, wie das Brett eine extrem enge Kurve ansatzweise mitmacht. Dies geht nur, wenn die Belastung 200 kPa und mehr beträgt.

Extrem Carving www.extremcarving.com

Mathematisches über Bienen

Es gibt weltweit 20 000 Bienenarten. Die am besten bekannte Art ist die Honigbiene. Alle Arten sind extrem wichtig für die Pflanzenbestäubung (Bild rechts), insbesondere auch für jene der Obstbäume. Die Leistungen der Honigbiene sind nach Berechnungen 150 Milliarden Euro im Jahr wert und die Honigbiene rangiert nach Rind und Schwein als drittwichtigstes Haustier.

Mittlerweile wird Alarm geschlagen, dass die Bienen aussterben könnten – wobei über viele mögliche Ursachen spekuliert wird (Viren, Milben, Umwelteinflüsse).

Um ihren Schwestern mitzuteilen, wo sich eine Futterquelle befindet, wird bei über 100 m Entfernung der „Schwänzeltanz" ausgeführt. Die Hauptrichtung des Tanzes zeigt den Winkel zur Sonne an, die Länge der Schwänzelphase gibt die Entfernung an.

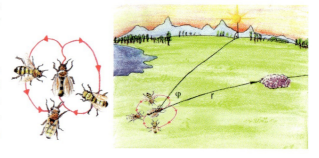

Bienen schlagen mit ihren Flügeln etwa 240 mal pro Sekunde, wobei der Winkel, in dem die Flügel auf und nieder bewegt werden, im unbelasteten Zustand etwa 90° beträgt. Bei Belastung wird dieser Winkel bei gleicher Schlagzahl erhöht und die Biene verwandelt sich gewissermaßen in einen „Transporthubschrauber".

Diese Raubwanze ist zwar ein natürlicher Feind der Bienen, hat aber nichts mit dem Massensterben zu tun.

Ein Bienenflügel ist etwa 1 cm lang. Der Flügelhub a ist bei 90° Auslenkung etwa $\pm 7\,\text{mm} = 0{,}007\,\text{m}$. Zusammen mit der Frequenz $n = 240$ kann die Schwingung, nach der Zeit t parametrisiert, in der Form

$$s = a\sin(2\pi nt)$$

angeschrieben werden.

Einmaliges Differenzieren liefert, wie schon Newton erkannt hat, die Momentangeschwindigkeit, zweimaliges Differenzieren die Momentanbeschleunigung. Es ist

$$\dot{s} = 2\pi n\, a\cos(2\pi nt),\ \ \ddot{s} = -(2\pi n)^2 a\sin(2\pi nt)$$

Sinus bzw. Kosinus nehmen den Maximalwert 1 an, womit sich Momentangeschwindigkeiten von bis zu $10\,\text{m/s}$ ergeben. Bei solchen Geschwindigkeiten ist wegen der Kleinheit des Flügels der Luftwiderstand bereits so groß, dass sich die Biene von der Luft „abdrücken" kann (s. S. 230).

Innerhalb einer Millisekunde erfährt der Flügel Beschleunigungen in der Größe von weit mehr als der tausendfachen Erdbeschleunigung. Aus den Formeln erkennt man, dass es für die Biene besser ist, die Amplitude a und nicht die Frequenz n zu erhöhen, denn letztere geht quadratisch in die Formel für die Beschleunigung ein.

N-TV **Bienensterben** www.n-tv.de/wissen/weltall/Bienen-sterben-weltweit-article671465.html
A. Benjamin, B. McCallum **Welt ohne Bienen** Fackelträger Verlag / Köln, 2009
SCINEXX **Bienendienstleistung** www.g-o.de/wissen-aktuell-8822-2008-09-16.html
Wikipedia **Schwänzeltanz** http://de.wikipedia.org/wiki/Tanzsprache
M. Gessat **Aerofynamik des Bienenflugs** www.dradio.de/dlf/sendungen/forschak/443102

Interferenzen

Die Ausbreitung von Wellen ist so häufig wie spannend: Ein Medium (Luft, Wasser) wird in Bewegung versetzt. Dieser Impuls setzt sich fort (im Raum kugelförmig, an der Wasseroberfläche kreisförmig), indem eine Wellenfront entsteht.

Die einzelnen Teilchen des Mediums bewegen sich kaum von der Stelle sondern schwingen harmonisch. Punkte im gleichen „Schwingungszustand" bilden eine Wellenfront. Ein Regentropfen erzeugt z. B. typisch kreisförmige Wellenfronten.

Treffen nun verschiedene Wellenfronten aufeinander (z. B. durch zwei benachbart und mit leichter Zeitdifferenz einschlagende Tropfen), kommt es zu Überlagerungen (Interferenzen). Die Schnittpunkte der Wellenberge liegen auf Kurvenbüscheln. Diese sind genau dann Kegelschnitte, wenn beide Wellenberge die gleiche Ausbreitungsgeschwindigkeit haben (siehe Computersimulation oben auf der rechten Seite), oder Büschel sog. winkelgezerrter Kegelschnitte (Simulationen rechte Seite unten für 75% bzw. 50% der Ausbreitungsgeschwindigkeit der rechten Welle).

WIKIPEDIA **Interferenz** http://de.wikipedia.org/wiki/Interferenz_(Physik)

Großes Foto: Die Bienenflügel schlagen verzweifelt mit hoher Frequenz auf die Wasseroberfläche und erzeugen symmetrische Wellenfronten gleicher Ausbreitungsgeschwindigkeit. Die Schnittpunkte entsprechender Wellenberge liegen auf einem Hyperbelbüschel (Simulation).

Doppler-Effekt und Mach-Kegel

Zwei Fotos einer Libellenfortpflanzung im Zehntel-Sekunden-Abstand: Das Weibchen legt im Flug die Eier ins Wasser ab. Die dabei entstehende Wellenfront wird von einer vergleichsweise rasch bewegten Erregerquelle erzeugt, wodurch der sogenannte Dopplereffekt auftritt: Die Frequenz der Wellenfront erhöht sich in Bewegungsrichtung.

Im rechten Bild hat sich die Front etwa 10cm weiterbewegt, sodass sie sich mit etwa 1m pro Sekunde fortpflanzt. Die Libellen sind offenbar schneller, denn es entsteht ein von den Kreisen, die gleichzeitig entstehen, eingehüllter „Kegel" (siehe Computerzeichnung).

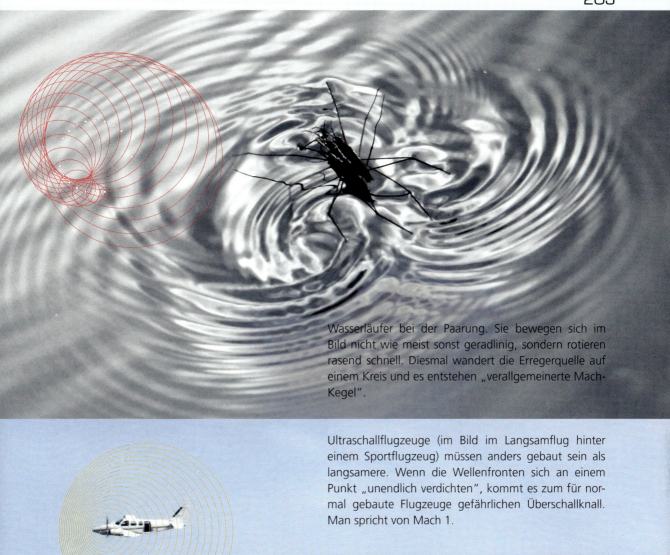

Wasserläufer bei der Paarung. Sie bewegen sich im Bild nicht wie meist sonst geradlinig, sondern rotieren rasend schnell. Diesmal wandert die Erregerquelle auf einem Kreis und es entstehen „verallgemeinerte Mach-Kegel".

Ultraschallflugzeuge (im Bild im Langsamflug hinter einem Sportflugzeug) müssen anders gebaut sein als langsamere. Wenn die Wellenfronten sich an einem Punkt „unendlich verdichten", kommt es zum für normal gebaute Flugzeuge gefährlichen Überschallknall. Man spricht von Mach 1.

 WIKIPEDIA **Doppler-Effekt** http://de.wikipedia.org/wiki/Doppler-Effekt
WIKIPEDIA **Machscher Kegel** http://de.wikipedia.org/wiki/Machscher_Kegel

Schallwellen auf seltsamen Wegen

Säugetiere haben (außer Walen und wenigen anderen Ausnahmen) Ohrmuscheln, die akustisch mit ihren Vertiefungen und Erhebungen helfen, Geräusche von vorne, hinten, oben oder unten unterscheiden zu können (für die Unterscheidung rechts/links sind andere Mechanismen zuständig).

Betrachten Sie das Foto unten links, wo eingezeichnet wurde, welche z. T. recht seltsamen Wege Schallwellen in Hautumstülpungen gehen. Insbesondere hohe Frequenzen um die 10 000 Hertz verdienen Beachtung: Sie laufen „besonders gern" entlang von gekrümmten Wänden. Dadurch gelangen zwei leicht zeitverzögerte Welleninformationen ins Ohr. Diese Frequenz hilft bei der oben-unten-Orientierung.

Um das Ganze quantifizieren zu können, hat Rudolf Waltl mit verschiedensten Frequenzen und Schallwegen experimentiert (siehe Foto unten rechts).

Im Gegensatz zum Menschen haben viele Säugetiere getrennt schwenkbare Ohren. Der Karakal hat zudem Pinselhaare an den Spitzen, welche die Schallortung wie Antennen verfeinern. Analoges gilt für Nashörner (rechte Seite), die viel besser hören als sie sehen.

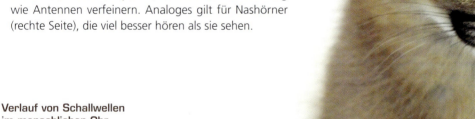

Verlauf von Schallwellen im menschlichen Ohr

WIKIPEDIA **Ohrmuschel** http://de.wikipedia.org/wiki/Ohrmuschel

11 Zellenanordnungen

Vermehrung der Gänseblümchen

Beim Anblick von Sonnenblumen, Gänseblümchen und vieler anderer Blüten (z. B. Echinacea-Arten) erkennt das menschliche Auge Spiralen. Mal drehen sie sich links rum, mal rechts rum. Oft ist die Zuordnung der Einzelblüten gar nicht so einfach bzw. eindeutig (siehe Computerbild). Die Spiralen sind näherungsweise logarithmische Spiralen (s. S. 86) und hängen auch mit den Fibonacci-Zahlen zusammen (s. S. 32). Der Grund der Anordnung ist immer derselbe: Die Pflanze will möglichst

viele Samen auf kleinster Fläche verteilen. Beim Wachsen erweist es sich dabei als weitaus am günstigsten, die nächste Einzelblüte durch Verdrehen im goldenen Winkel bei gleichzeitiger exponentieller Vergrößerung des Abstands vom Zentrum zu wählen. Jede Pflanze wird den von ihr „gewählten" Winkel an die Nachkommen weitergeben. Durch geringfügige Mutationen wird es zu Veränderungen im Winkel kommen. Jene Pflanze, die den besten Winkel gewählt hat, kann mehr Nachkommen hinterlassen. Dementsprechend setzt sich der optimale Winkel immer wieder aufs Neue durch.

Bei Detailaufnahmen sind die Spiralen nicht mehr auszumachen. Hier erkennt man: Es geht um eine möglichst enge Packung, um so vielen Samen wie möglich Platz zu machen. Die aufgeplatzte Einzelblüte rechts ist nur einen Millimeter groß, erinnert aber durchaus an die hundertmal größeren Blütenkelche von Lilien.

 H. Vogel **A Better Way to Construct the Sunflower Head** Math. Biosci. 44, 179-189, 1979
H. Groenert **Modellierung der Phyllotaxis**
www.uni-koblenz.de/~odsgroe/wwwha/spiralen/www-phyllotaxis/4.phyllo.modelle.html

Spiralen oder keine Spiralen?

Im großen Bild auf der linken Seite ist ein Original zu sehen. Für die einen sind sie offensichtlich, für die anderen eher nicht stark ausgeprägt: Die Spiralen in den diversen Blütenständen. Die Blütenknospen sind im Original zumeist sechseckig verpackt – wie Bienenwaben, aber nach außen hin größer werdend. Die Computersimulation ist im linken unteren Eck zu sehen. Spiralen? Nicht wirklich! Darüber sind sie Blütenknospen deltoidförmig verpackt. Hier „springen einen die Spiralen an".

Beide Simulationen verwendeten das Kreismodell auf der rechten Seite als Ausgangsbasis. Hier werden exponentiell nach außen größer werdende Kreise aneinandergereiht, und zwar so, dass sich die Sache „ausgeht" (Exponentialfunktion und Fibonacci-Zahlen hängen eng zusammen, s. S. 32). Das löst ein Mathematiker z. B. mittels sogenannter „konformer Abbildungen", welche einfach zu zeichnende Muster aus gleich großen Kreisen in ebensolche Muster verwandeln. Projiziert man das exponentielle Kreismuster aus dem Nordpol einer Kugel um das Zentrum, erhält man wieder Kreismuster, diesmal auf der Kugel (Bilder unten). Auch diese Muster sind in der Natur ansatzweise oft vorhanden. Ob man nun die Spiralen sieht oder nicht, hängt viel von der eigenen Vorstellung ab.

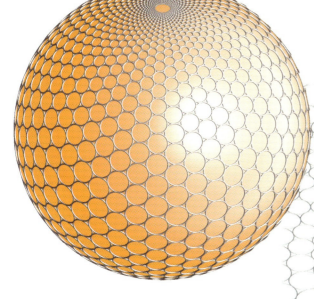

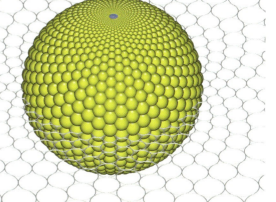

J. Berkemeier **Spiralen** www.j-berkemeier.de/Spiralen.html
J. Leys **Doyle Spirals** www.josleys.com/show_gallery.php?galid=265
H. Walser **Die stereografische Projektion** www.j-berkemeier.de/Spiralen.html

Berechnende Rotation

Nicht nur bei Samenständen, auch bei den Blättern mancher Pflanzen entdeckt man immer wieder, dass beginnend mit den oberen kleineren Blättern jedes weitere Blatt durch Verdrehung um einen ganz bestimmten stumpfen Winkel (bei gleichzeitiger Vergrößerung) entsteht. Das obere Foto zeigt eine Rosettenpflanze und darunter ist eine Agave abgebildet.

Teilen wir rein mathematisch den vollen Winkel von 360° im Verhältnis 1:Φ (wobei $\Phi = 1{,}618\ldots$ die goldene Zahl ist), dann ist der kleinere der beiden Winkel ca. 137,5°.

Wegen ...

$$\Phi = 1 + \frac{1}{\Phi} = 1 + \cfrac{1}{1 + \cfrac{1}{1 + \cfrac{1}{\Phi}}} = 1 + \cfrac{1}{1 + \cfrac{1}{1 + \cfrac{1}{1 + \cdots}}}$$

könnte man Φ mit Fug und Recht als „maximal irrational" bezeichnen (wobei rational heißt, dass eine Bruchzahl vorliegt). Was hat das nun mit der Pflanze zu tun?

Nun, wenn wir z. B. immer wieder um 1/2 von 360° weiterdrehen, kommt bereits das dritte Blatt unter das erste, bekommt also kaum Licht für die Photosynthese der Pflanze. Versuchen wir es mit 1/n von 360°, dann sind das n-te Blatt und jedes weitere abgedeckt. Auch 2/7 oder Ähnliches von 360° limitiert die Blattanzahl. Optimal ist offensichtlich ein nicht durch einen Bruch darstellbarer Teil von 360°.

Pflanzen, die aufgrund von leichten Mutationen in die Nähe des goldenen Winkels kommen, sind damit effizienter in der Photosynthese und können sich u. U. besser verbreiten. Dabei geben sie ihre Gene weiter, die ihrerseits wieder leicht mutieren und u. U. jene Nachkommen begünstigen, die noch näher an den goldenen Winkel kommen usw.

ⓘ WIKIPEDIA **Goldener Schnitt** http://de.wikipedia.org/wiki/Goldener_Schnitt

Man könnte sich nun fragen, warum die Welt nicht nur von Pflanzen, die sich im Lauf der Evolution derart dem goldenen Winkel angenähert haben, bewachsen ist. Dass es nicht so ist, liegt im oben zweimal eingeworfenen Ausdruck „unter Umständen".

Es kann nämlich durchaus sein, dass eine andere Mutation zur jeweiligen Zeit einen größeren Vorteil bringt, als jenen, optimal Photosynthese betreiben zu können. Dann setzen sich eben jene Individuen durch, welche die noch bessere Mutation erfahren haben.

Die beiden Beispiele auf dieser Seite zeigen, dass die Drehungen der Blätter bzw. Samen keineswegs planar sein müssen. Wenn aber die dritte Dimension dazugenommen wird, ergeben sich durch unterschiedliche Meridianwinkel zusätzliche Freiheitsgrade.

Der Zapfen im rechten Bild hat durchaus etwas mit der kanarischen Aeonium-Art links zu tun: Wenn er aufspringt, um die Samen freizugeben, sieht er vergleichbar aus. Umgekehrt zeigt sich die dickblättrige Aeonium-Art so, bevor sie „aufspringt".

Voronoi-Diagramme

Die Äderchen in den Libellenflügeln, die Risse von getrockneter Schlammerde, die Blattstruktur im Feigenblatt – das sieht doch alles recht ähnlich aus. Im Prinzip wird die Ebene in konvexe Polygone zerteilt. Das kann günstig sein, um Elastizität oder Versorgung mit Nährstoffen zu optimieren, oder einfach eine Folge von Spannungen in der Oberfläche sein.

Wir wollen die Ebene, in der eine Anzahl von Punkten (Zentren) gegeben ist, gezielt in konvexe Regionen rund um die Zentren unterteilen, sodass alle Punkte einer Region ihrem Zentrum am nächsten sind. Man bestimme für jeden der gegebenen Punkte alle Mittelsenkrechten bezüglich der restlichen Punkte. Für jeden Punkt formen die Mittelsenkrechten zu den benachbarten Punkten eine konvexe Region. Alle Regionen zusammen liefern das Voronoi-Diagramm (rechts in grau).

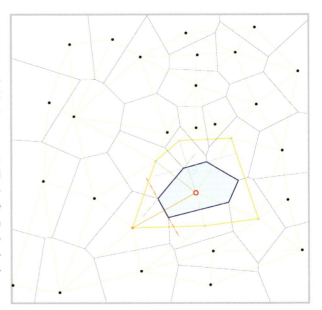

215

WIKIPEDIA **Voronoi-Diagramm** http://de.wikipedia.org/wiki/Voronoi-Diagramm

Iterierte Voronoi-Strukturen

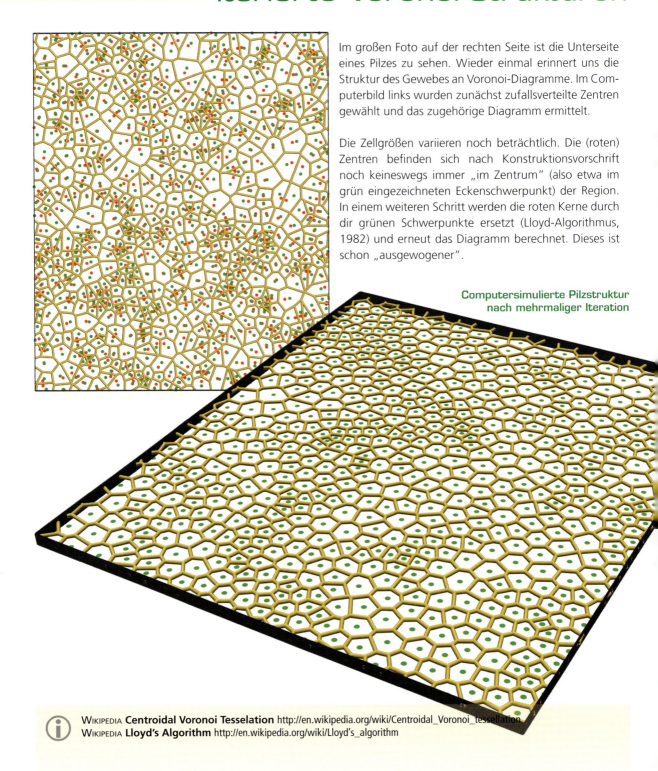

Im großen Foto auf der rechten Seite ist die Unterseite eines Pilzes zu sehen. Wieder einmal erinnert uns die Struktur des Gewebes an Voronoi-Diagramme. Im Computerbild links wurden zunächst zufallsverteilte Zentren gewählt und das zugehörige Diagramm ermittelt.

Die Zellgrößen variieren noch beträchtlich. Die (roten) Zentren befinden sich nach Konstruktionsvorschrift noch keineswegs immer „im Zentrum" (also etwa im grün eingezeichneten Eckenschwerpunkt) der Region. In einem weiteren Schritt werden die roten Kerne durch dir grünen Schwerpunkte ersetzt (Lloyd-Algorithmus, 1982) und erneut das Diagramm berechnet. Dieses ist schon „ausgewogener".

Computersimulierte Pilzstruktur nach mehrmaliger Iteration

WIKIPEDIA **Centroidal Voronoi Tesselation** http://en.wikipedia.org/wiki/Centroidal_Voronoi_tessellation
WIKIPEDIA **Lloyd's Algorithm** http://en.wikipedia.org/wiki/Lloyd's_algorithm

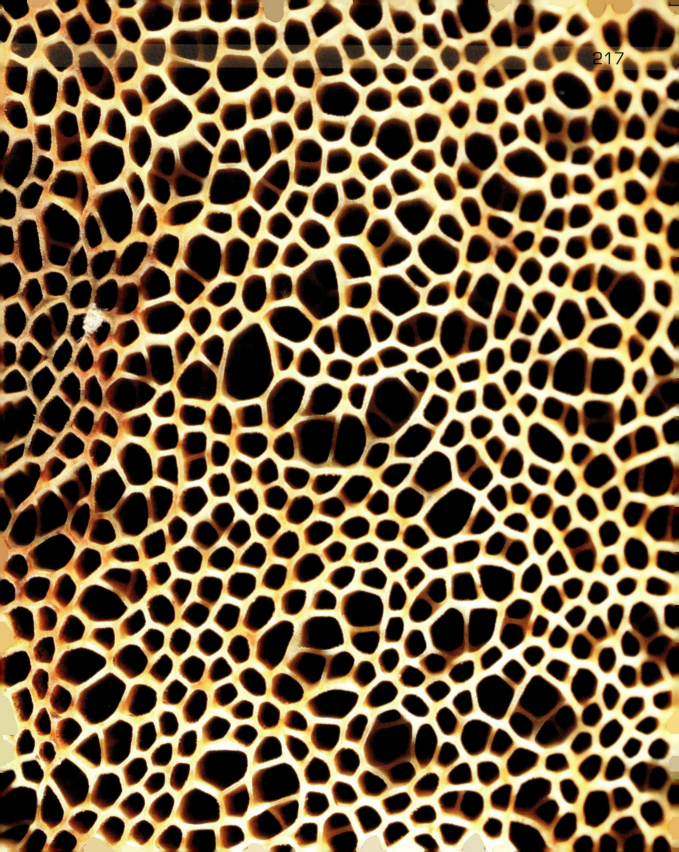

Wickelkurven

Wenn wir mit dem Auto zunächst gerade fahren und dann in eine immer enger werdende Kurve gelangen, drehen wir im Idealfall das Lenkrad kontinuierlich ein Stück weiter. Damit haben wir einen Zusammenhang zwischen gefahrener Strecke (mathematisch: Bogenlänge) und Kurswinkel. Das Ergebnis ist eine Kurve, die im Straßenbau unter dem Namen Klothoide bzw. nach ihrem Entdecker auch Kornu-Spirale bekannt ist.

Betrachten wir den Trieb eines Farns, der noch eingerollt ist (großes Bild). Beim ersten Hinsehen möchte man als Mathematiker meinen, es handle sich um eine logarithmische Spirale (s. S. 86). Aber die Krümmung entspricht viel eher jener einer Klothoide, denn die logarithmische Spirale streckt sich niemals zu einer Geraden.

Der Farn bestehe aus 50 Segmenten und sei geradegestreckt. Das Einrollen kann man wie folgt simulieren: Wir drehen die letzten 49 Glieder um das erste Glied um einen kleinen Winkel $w = 0{,}5°$, die letzten 48 um einen 10% größeren Winkel um das 2. Glied, die letzten 47 um einen nochmals um 10% erhöhten Winkel um das 3. Glied usw. Kehrt man den Vorgang um, hat man die Ausrollung naturnah simuliert (Computerbild).

Vergleichbare Einroll- und Ausrollvorgänge gibt es auch im Tierreich, und zwar über und unter Wasser (oben: Chamäleon, unten: Federstern).

 WIKIPEDIA **Klothoide** http://de.wikipedia.org/wiki/Klothoide

Fraktale Kugelpackungen

Linke Seite, großes Bild: Schaumbildung in einem Mixgetränk mit viel Limettensaft (relativ stabil). Rechte Seite: Schaumbildung in einem kleinen Bach in einem Schneefeld nach einem kleinen „Wasserfall" (beide Fotos invertiert und farbverändert). Die Volumina der Kugelkappen änderten sich zwar ständig, allerdings fällt beim rechten Bild auf, dass diese extrem unterschiedlich sind und sich „Inseln" bilden, die wegen des bewegten Wassers ständig Größe und Form änderten.

Zur Computerbildserie: Es wurde eine gewisse Anzahl von zufällig erzeugten, zufällig großen sowie sich gegenseitig abstoßenden Kugeln in der Umgebung der halbkugelförmigen Schale gewählt. In einem Iterationsvorgang wurden nun die Kugeln immer wieder marginal so bewegt, dass die Summe der Abstoßungskräfte verkleinert wurde und die Kugeln in Richtung Schale wandern mussten, wobei sie ihre Größe so änderten, dass es zu einer Füllung des Raums kommen sollte. Abgebildet sind die Ausgangsposition und Zwischenergebnisse nach 10, 100 und 1000 Iterationsschritten.

WIKIPEDIA **Sphere Packing** http://en.wikipedia.org/wiki/Sphere_packing

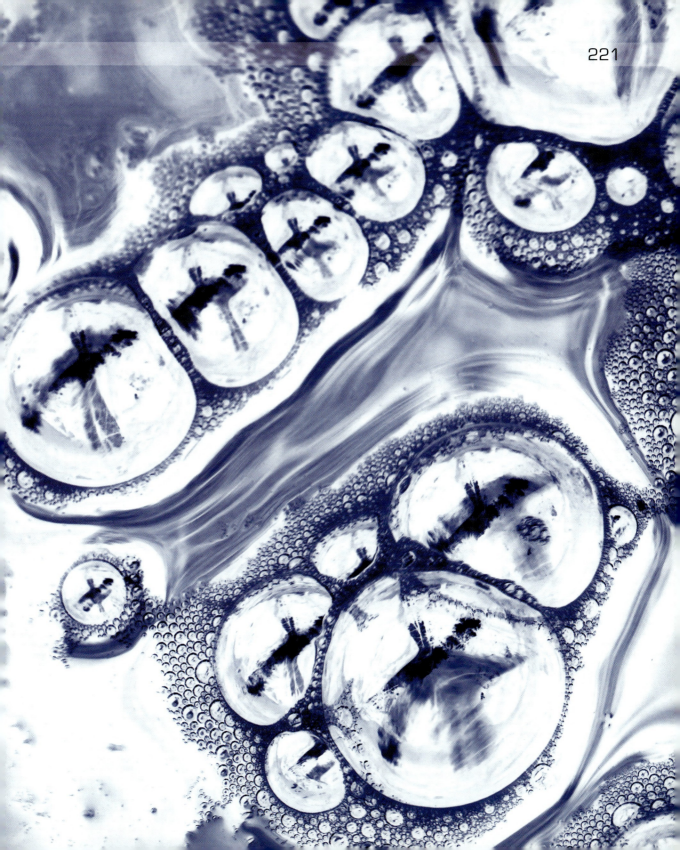

12 Wie im Kleinen, so nicht im Großen

Zehnerpotenzen im Tierreich

Wie kann man die unterschiedlichen Massen der Tiere für etwaige Überschlagsrechnungen grob abschätzen? Die Palette reicht von den bis zu 30 m langen und 150 Tonnen schweren Walen über vielleicht ein Dutzend Säugetierarten mit über 500 kg Masse, kleine Säugetiere, Vögel und Reptilien, bis hin zum Heer der Gliedertiere mit einer Körperlänge von zumeist unter einem Zentimeter. Generell können wir wegen des überall vorhandenen hohen Wassergehalts eine Dichte von etwa 1000 kg pro Kubikmeter oder auch 1 Milligramm pro Kubikmillimeter annehmen, wodurch sich die Frage nach der Masse auf jene nach dem Volumen reduziert.

Das Volumen eines Körpers nimmt mit der dritten Potenz des Maßstabs zu oder ab. Die Körpergröße entscheidet damit wesentlich das Volumen. Die vier Giraffenjungen wiegen bei halber Größe zusammen nur halb so viel wie die Mutter bzw. Tante.

H. H. KLEIN **Gewichtsstatistik** www.tierenzyklopaedie.de/statistikgw.html
G. GLAESER **Der mathematische Werkzeugkasten. Anwendungen in Natur und Technik**
3. Aufl. Kapitel 2. Spektrum Akademischer Verlag, Heidelberg 2008

Versuchen Sie einmal folgende Faustformel, welche die (vom Autor gewählten) Begriffe „relevante Torsolänge" T (in Metern) bzw. t (in Zentimetern) und einen Wert p („Pyknofaktor": schlank oder pyknisch) enthält: Die Masse des in Frage stehenden Tiers ist dann in etwa

$$M = 40 \text{ kg} \cdot p \cdot T^3 \text{ bzw. } M = 40 \text{ mg} \cdot p \cdot t^3$$

Der p-Wert kann zwischen 0,2 (Schlange) und 3 (dicke Kröte) angenommen werden. Ein Mensch mit relevanter Torsolänge $T = 1{,}20$ m und $p = 1$ hätte dann etwa 70 kg Masse, ein Elefant mit $T = 4$ m und $p = 2{,}5$ käme auf 6 Tonnen, ein Blauwal mit $T = 20$ m und $p = 0{,}4$ auf 130 Tonnen und unsere Giraffenmutter mit $T = 2{,}6$ m und $p = 1{,}3$ (Hals wird weggelassen, dafür höherer p-Wert) 900 kg. Ein „Standardinsekt" wie die Honigbiene ($t = 1{,}4$ cm, $p = 0{,}8$) hat dann etwa 90 mg, der große und pyknische Goliathkäfer ($t = 12$ cm, $p = 2$) bringt satte 140 g auf die Waage, eine Waldameise ($t = 0{,}8$ cm, $p = 0{,}4$) nur 8 mg. Foto: Die riesenhaft wirkende Schnake mit $t = 2$ cm gewichtsrelevanter Länge (der schlanke Hinterleib und der winzige, fast nur aus Augen und Saugrüssel bestehende Kopf werden weggelassen, dafür $p = 2$ gesetzt) bringt nach der Formel 640 mg auf die Waage, die nur 1 / 4 so lange grün schillernde Fliege bei gleichem p-Wert nur auf 1 / 64, also 10 mg.

150 Millionen Jahre unverändert

Unter Wasser kann man die Länge eines Fisches praktisch nicht abschätzen, wenn keine Bezugsobjekte vorhanden sind. Die jungen Schwarzspitzen-Riffhaie unten sind von der Schnauze bis zur Schwanzflossenspitze knapp einen Meter lang, erscheinen aber durch die Taucherbrille um $1/3$ größer, wodurch man ihre Masse mit dem Faktor $(4/3)^3 = 2{,}37$ überschätzt! Der weiße Hai oben (vom Schiff aus fotografiert) ist geschätzte 3,5 Meter lang. Die Körperform ist durchaus mit jener der Riffhaie vergleichbar, woraus man schließen kann, dass das Tier $3{,}5^3 = 43$ junge Riffhaie „aufwiegt".

Die größten Weißhaie, die jemals gesichtet wurden, sind nochmals doppelt so groß und dementsprechend achtmal so schwer. Haie, die für das Ökosystem der Meere lebenswichtig sind, sind hervorragend an das Wasser angepasst, sehen und riechen ausgezeichnet, ihre „Seitenlinie" verrät geringste Druckunterschiede. Besonders bemerkenswert sind die Lorenzinischen Ampullen, die in der Portraitaufnahme des Weißhais gut zu sehen sind (zwei symmetrische relativ gleichverteilte Porenansammlungen zwischen den Nasenlöchern und um die Augen). Diese Sensoren dienen zum Feststellen

ⓘ A. Mojetta **Die Lorenzinischen Ampullen der Haie** www.haiwelt.de/haie/sinne/lorenz/lorenz.php
Wikipedia Vibrisse http://de.wikipedia.org/wiki/Vibrisse

geringster Temperaturunterschiede und Störungen in elektrischen Feldern, womöglich auch zur Orientierung der Haie an den elektrischen Magnetfeldern großer Meeresströmungen. Mit ein wenig Fantasie erinnern die Ampullen an die Ansätze der Vibrissen (Schnurrbarthaare) bei Säugetieren (z. B. Katzen). In der Tat sind diese Sensoren ebenfalls zum Aufspüren von Beute und zur Orientierung in der Dunkelheit da, wobei nicht die Haare selbst, sondern die blutgefüllten Kapseln („Blutsinus"), die sich an ihren Wurzeln befinden, die eigentliche Information auffangen.

Die Fischindustrie hat durchaus Interesse, das Bild vom blutrünstigen Hai aufrechtzuerhalten. Damit wird das massenweise Abschlachten der Tiere, meist nur wegen der Flossen, verharmlost (Foto: Sandtigerhai).

Legendäre Kraft

Die Stärke der Ameisen ist sprichwörtlich. Dabei haben sie so zarte Beinchen und können doch eine Last tragen, die bis zu 50 Mal so schwer ist wie sie selbst. Was würde passieren, wenn wir – wie in einem Horrorfilm – eine 10mm lange Ameise auf 1 m Länge vergrößern (also alle Maße verhundertfachen)? Die Ameise wäre dann 100^3 = 1 Million Mal so schwer. Ihre Muskelkraft nimmt aber, weil vom Querschnitt abhängig, nur um das 100^2 = 10,000-fache zu. So gesehen hat die Ameise im Verhältnis zum Eigengewicht dann nur mehr 1/100 ihrer Kraft zur Verfügung und könnte nur mehr eine Last tragen, die halb so schwer wie sie selbst ist.

Eine Ameise ist also hauptsächlich deshalb so stark, weil sie so klein ist. In dieser Insektenwelt sind sehr viele Tiere so stark wie Ameisen. Im großen Bild braucht es anderthalb Dutzend Ameisen, um den Tausendfüßer zu überwältigen.

Im Makrobereich gelten andere Gesetze als in der Großtier-Liga. Die kleinen Klauen der Insekten haken in die Blattstruktur ein, wobei Addhäsionskräfte entstehen. Dünne Muskelquerschnitte reichen aus, das im Verhältnis sehr kleine Volumen (Eigengewicht) zu tragen. Die Regeln gelten für alle Lebewesen in dieser Kategorie.

Autor **Relative Kraft der Ameisen** www.tagesspiegel.de/magazin/wissen/Ameisen;art304,2621125
Autor **Zehnerpotenzen in der Biologie** www.kfunigraz.ac.at/exp3www/paltauf/bio_1-16.doc

Wo bleibt die Erdanziehung?

Unsere Ameise von S. 229 hängt mittlerweile an einer Fußklaue am Stäbchen und will unter keinen Umständen die Fliege loslassen, die sie gerade transportiert. Nach etwa 15 Sekunden entscheidet sie sich für den „kontrollierten Absturz" ins Nichts, landet vergleichsweise sanft und setzt den Transport fort.

Physikalisch gilt: Gewicht = Masse x Erdbeschleunigung. Die Erdbeschleunigung ist unabhängig von der Größe. Die Masse hingegen nimmt bei Verkleinerung des Maßstabs gleich mit der dritten Potenz ab (zehnmal so klein heißt 1/1000 der Masse). Insekten sind also überproportional leichter (bei etwa gleichem spezifischen Gewicht wie die großen Tiere).

Gleichzeitig wissen wir schon, dass die Muskelkraft bei Verkleinerung nur mit dem Quadrat des Faktors abnimmt, weil für sie der Muskelquerschnitt relevant ist (s. S. 228). Ebenso nimmt die Oberfläche, die für den Luftwiderstand verantwortlich ist, nur quadratisch ab. Zehnmal so kleine Tiere haben im Verhältnis einen zehnmal so großen Luftwiderstand. Die Ameisen-Fliegen-Packung wird also im freien Fall bald eine (relativ geringe) Endgeschwindigkeit erreichen.

WIKIPEDIA **Insektenflug** http://de.wikipedia.org/wiki/Insektenflug

231

Eine Hummel hat sich in der Nacht in einer etwas seltsamen Stellung ausgeruht und wird bald das Tagewerk wieder aufnehmen. Haben Sie schon einmal probiert, auch nur ein paar Minuten irgendwo an einem Arm zu hängen? Für Große Lebewesen eine Schwerarbeit! Hier erkennt man, wie unterschiedlich die Parallelwelten der Groß- und Kleintiere sind.

Fäden aus Eiweiß

Eine Kugelspinne beim Einwickeln einer Zikade. Gelb eingekreist eine Bisswunde, wo zersetzende Flüssigkeit injiziert wurde. Spinnfäden sind nur wenige tausendstel Millimeter stark, also zehnmal so dünn wie ein menschliches Haar. Die Fangfäden in den Netzen sind mit regelmäßig angeordneten Klebstofftröpfchen versehen, die schon etwas mehr Durchmesser haben (10-50 Mikrometer). Spinnfäden sind Stahlfäden gleicher Dicke allein schon wegen des viel geringeren Gewichts überlegen.

Durch Infiltration von Metallatomen konnte neuerdings die Elastizität und Tragfähigkeit von Spinnfäden weiter stark verbessert werden – ein interessantes technologisches Potential. Einziges Problem: Man kann natürlichen Spinnenfaden nicht in der nötigen Menge produzieren. Wichtig ist dabei die räumliche Anordnung bzw. Reihenfolge der Aminosäurenketten, die für die diversen Eigenschaften (z. B. Klebrigkeit) verantwortlich sind.

Eine Zebraspinne mit auf voller Leistung fahrenden Spinndrüsen beim Einwickelvorgang. Nach wenigen Sekunden (2 Umdrehungen pro Sekunde) war das Beutetier verpackt!

C. Meier **Verstärkung von Spinnfäden** www.zeit.de/wissen/umwelt/2009-12/erde-sd-bionik-spinnenfaden?page=all
ÖBV **Wissenswertes zum Spinnfaden** www.oebv.at/sixcms/media.php/493/329089/Physik8_S67a.pdf

Riesige Elefantenohren

Das Verhältnis von Volumen zu Oberfläche ist skalenabhängig: Je größer ein Lebewesen, desto kleiner im Verhältnis seine Oberfläche. Afrikanische Elefanten sind die größten Landsäuger. Ohne ihre großen Ohren haben sie eine zu kleine Oberfläche, um ausreichend in der oft schattenlosen Steppe abkühlen zu können (Schwitzen zwecks Abkühlung können nur wenige Säugetiere). Asiatische Elefanten (s. S. 176) haben wegen nicht so extremer Temperaturen im Urwald nicht so extrem große Ohren.

Die kleinsten Warmblüter (Spitzmäuse und Kolibris) haben das gegenteilige Problem: Bei einem Hundertstel Körperlänge haben sie eine vergleichsweise Hundertmal so große Oberfläche und laufen Gefahr, zu erfrieren. Deshalb müssen sie auch extrem energiereiche Nahrung in großen Mengen aufnehmen und in der nicht-aktiven Zeit in eine Art Kälte-Starre verfallen.

Weiteres Beispiel: Die riesigen Wale haben mit der arktischen und antarktischen Kälte kein Problem, wohl aber die viel kleineren Jungen. Deshalb schwimmen Wale Tausende von Kilometern Richtung Äquator und verzichten dabei auf das notwendige große Nahrungsangebot in kalten Gewässern.

C. Lavers **Warum haben Elefanten so große Ohren? Dem genialen Bauplan der Tiere auf der Spur.**
Area-Verlag, 2006

Schwimmende Münzen

Ein Geldstück zum Schwimmen zu bringen, erfordert – neben einer geeigneten Münze – Geduld. Am ehesten schafft man es, indem man das Metall auf einem Stück Papier aufs Wasser legt und wartet, bis das getränkte Papier abdriftet.

Theoretisch kann jedes Metall (auch Gold) schwimmen, wenn die Münze nur klein genug ist: Bei einer Verkleinerung mit dem Faktor 1/10 beträgt das Gewicht nur noch 1/1000, die Oberfläche aber noch 1/100. Somit hat sich die Oberfläche der verkleinerten Münze im Verhältnis zum Gewicht verzehnfacht.

Dadurch kann die Oberflächenspannung des Wassers

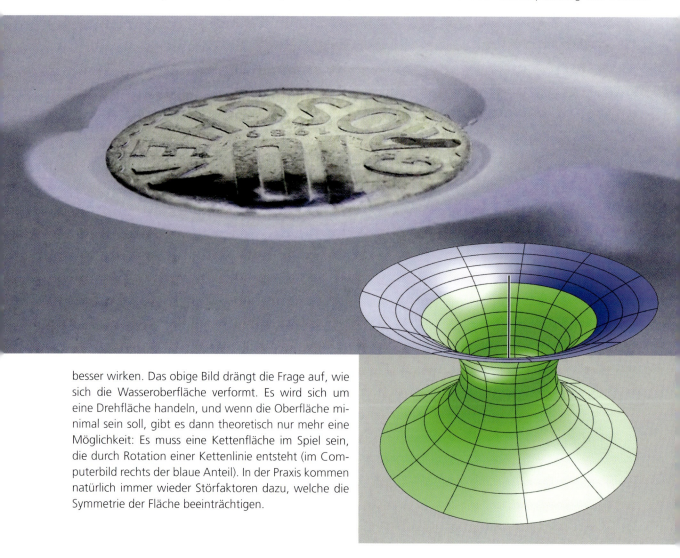

besser wirken. Das obige Bild drängt die Frage auf, wie sich die Wasseroberfläche verformt. Es wird sich um eine Drehfläche handeln, und wenn die Oberfläche minimal sein soll, gibt es dann theoretisch nur mehr eine Möglichkeit: Es muss eine Kettenfläche im Spiel sein, die durch Rotation einer Kettenlinie entsteht (im Computerbild rechts der blaue Anteil). In der Praxis kommen natürlich immer wieder Störfaktoren dazu, welche die Symmetrie der Fläche beeinträchtigen.

Ein zweites Foto aus der Serie des schwimmenden 10-Groschen-Stücks verdient eine genauere Analyse: Es wurde bei ganz flach einfallendem Sonnenlicht aufgenommen. Die Strahlen, welche durch den Rand der Münze gehen, bilden vor der Brechung einen schiefen Kreiszylinder. Beim Eintritt ins Wasser werden die Strahlen stark zum Lot gebrochen, bleiben aber parallel und bilden weiterhin einen schiefen Kreiszylinder. Dieser Zylinder trifft an die drehzylindrische Wand des Gefäßes und schneidet sie längs einer Raumkurve vierter Ordnung (siehe Computergrafik unten links). Wegen der unterschiedlichen Brechungsindizes der Spektralfarben ist wegen des flachen Einfallswinkels eine Aufsplittung in die Regenbogenfarben zu beobachten.

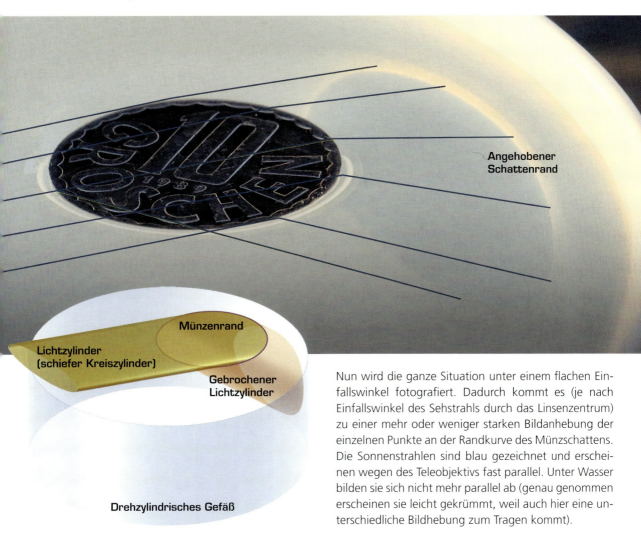

Nun wird die ganze Situation unter einem flachen Einfallswinkel fotografiert. Dadurch kommt es (je nach Einfallswinkel des Sehstrahls durch das Linsenzentrum) zu einer mehr oder weniger starken Bildanhebung der einzelnen Punkte an der Randkurve des Münzschattens. Die Sonnenstrahlen sind blau gezeichnet und erscheinen wegen des Teleobjektivs fast parallel. Unter Wasser bilden sie sich nicht mehr parallel ab (genau genommen erscheinen sie leicht gekrümmt, weil auch hier eine unterschiedliche Bildhebung zum Tragen kommt).

W. Kühnel **Differentialgeometrie** Vieweg + Teubner Verlag, 2007

Modell und Realität

238

Modelle sind auch im Zeitalter der Computeranimation hervorragend geeignet, um sich große Objekte vorzustellen. Die physikalischen Eigenschaften sind allerdings oft ganz unterschiedlich: Wie und wann ein Brückenmodell oder ein Modellschiff bei Belastung bricht oder sinkt, lässt sich nur mit viel Erfahrung und großer Vorsicht auf große Brücken oder Schiffe übertragen.

Die Minimaleigenschaft einer Fläche (s. S. 122) ist eine geometrische Eigenschaft (mittlere Krümmung Null), die aber physikalische Konsequenzen hat (minimalisierte Oberflächenspannung). Dementsprechend wird die Groß-Ausführung durchaus die positiven Eigenschaften des Modells übernehmen (links: Modell eines Zeltdachs von C. Ruschitzka, rechts: Olympiapark München).

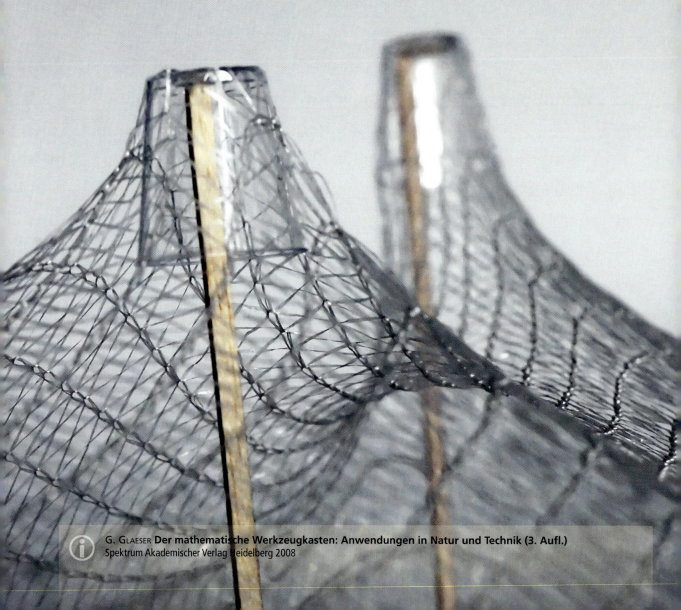

G. Glaeser **Der mathematische Werkzeugkasten: Anwendungen in Natur und Technik (3. Aufl.)**
Spektrum Akademischer Verlag Heidelberg 2008

Skalenunabhängige Schärfentiefe

Je kleiner die Dinge sind, die man fotografiert, desto schwerer hat man es, sie auch wirklich scharf abzubilden. Das scheint ein Widerspruch dazu zu sein, dass der Vorgang als Projektion des Raums in die Sensorebene als rein geometrischer Vorgang von der Größe unabhängig sein sollte.

Die Erklärung lautet, dass physikalisch ein skalenabhängiger Wert – die Brennweite – in der ganzen Überlegung vorkommt: Das Linsensystem erzeugt nämlich kein zweidimensionales Bild, sondern ein dreidimensionales. Ist ein Objekt „weit" vom Linsenzentrum entfernt (also ein Vielfaches der Brennweite des Linsensystems), flacht dieses dreidimensionale Bild stark ab. Ab einem 100-fachen Wert der Brennweite (also bei einem 50 mm-Normalobjektiv ab 5 m Distanz bzw. bei einem Teleobjektiv mit 300 mm Brennweite ab 30 m) ist das virtuelle Bild hinter der Kamera nahezu plattgedrückt und kann leicht am Chip scharfgestellt werden.

Betrachten wir die beiden Skizzen: Die Libelle ist durchschnittlich etwa die doppelte Brennweite vom Linsenzentrum Z entfernt. Aus ihr wird über das Linsenzentrum eine „virtuelle Libelle", die aber räumlich stark verzerrt ist. Nur noch Punkte P, die genau in die Sensorebene abgebildet werden, sind scharf. Punkte Q, die aus der sog. „Schärfenebene" herausstehen, erzeugen sogenannte Unschärfekreise (auch „Bokeh" genannt).

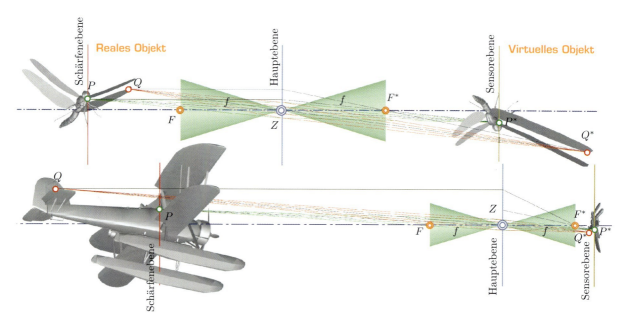

Der Doppeldecker darunter ist absolut und in Brennweiten gemessen viel weiter entfernt. Sein virtuelles Bild ist plattgedrückt, und selbst die vordersten oder hintersten Punkte Q haben scharfe Bildpunkte. Die Größe der Unschärfekreise ist proportional zum Öffnungsdurchmesser der „Blende". Dieser Durchmesser darf nicht kleiner als etwa 1 mm werden, weil sonst das Licht gebeugt wird und eine störende „Beugungsunschärfe" erzeugt.

Es ist somit viel leichter, einen riesigen Raum in allen Details fotografisch exakt zu erfassen als etwas, das die Dimensionen eines Fingerhuts hat. Eine Zehnerpotenz kleiner ist selbst mit den besten optischen Geräten die konventionelle räumliche Fotografie nicht mehr möglich. In diesem Bereich kommen Elektronenstrahlen statt Lichtstrahlen zum Einsatz: Sie werden viel weniger gebeugt.

Hier ist das Optimum dessen herausgeholt, was möglich ist: Die einen Millimeter großen Augen der Fliege sind gerade noch scharf. Die Wassertröpfchen auf den Augen sind so winzig, dass sie mit freiem Augen fast nicht zu sehen waren. Man sieht schön den Vergrößerungseffekt der sphärischen Linsen.

Ein stärkeres Abblenden (Kleinermachen der Öffnung) hätte wohl die unscharfen Gliedmaßen etwas schärfer erscheinen lassen, die interessanten scharfen Teile aber wegen der Beugungsunschärfe ihrer Faszination beraubt.

 G. Glaeser **Eine Raumkollineation als Schlüssel zu tieferem fotografischen Verständnis**
IBDG, Heft 2/2007 (Jahrgang 25), pp. 24-31 (siehe auch: www1.uni-ak.ac.at/geom/files/virtuelle-raeume.pdf)
G. Glaeser **Praxis der digitalen Makro- und Naturfotografie** Spektrum akademischer Verlag, Heidelberg 2008

Einfach wegblenden …

Auf dieser Seite sehen Sie zwei Aufnahmen, die unter gleichen Bedingungen mit einem 50mm-Fixobjektiv gemacht wurden. Die Schärfentiefe ist links sehr gering, rechts groß. Beides kann erwünscht sein, je nachdem welchen Effekt man erreichen will. Die Schärfentiefe ist proportional zur Blendenzahl (kleine Blendenzahl = geringe Schärfentiefe).

In beiden Fällen soll der Chip gleich belichtet werden. Bei „offener Blende" (kleine Blendenzahl) muss kürzer belichtet werden. Wenn die Blendenzahl 10 Mal so groß ist, kommt im gleichen Zeitintervall nur 1/100 der Lichtmenge zum Chip. Daher muss die Lichtempfindlichkeit stark erhöht werden.

Die verarbeitete Lichtmenge ist proportional zur Belichtungszeit bzw. Lichtempfindlichkeit und indirekt proportional zum Quadrat der Blendenöffnung (doppelte Öffnung = vierfache Fläche). Zur Kontrolle muss also der Wert $t \cdot i / b^2$ einigermaßen übereinstimmen. Anmerkung: Bei Wahl eines neutralen Hintergrunds bringt eine höhere Blendenzahl einen Informationsvorsprung. Ist der Hintergrund störend, wird diese Zusatzinformation durch unnötiges Beiwerk ästhetisch empfindlich gestört.

	links	rechts	rechts vgl. links
Belichtungszeit t (s)	1/1600	1/50	32
Blendenzahl b	2,8	28	10 **Belichtungsintensität:** $(1/10)^2 = 0,01$
Lichtempfindlichkeit i (ISO)	160	640	4
$t \cdot i / b^2$	0,0128	0,0163	ca. gleich

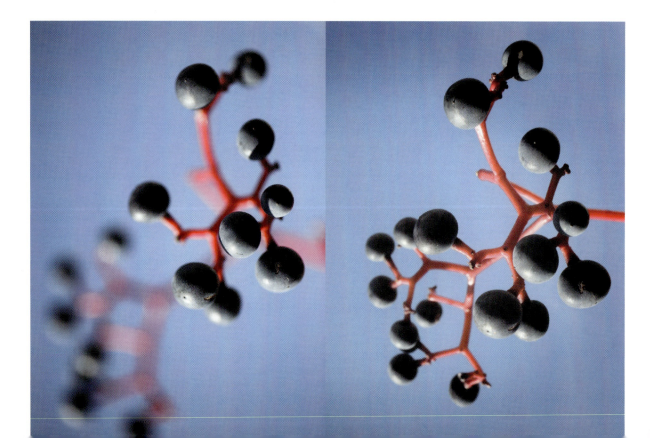

Das winzige Krötenbaby wurde mit demselben 50mm-Objektiv wie die Bilder links fotografiert. Dabei ist trotz Blendenzahl 16 der Hintergrund angenehm neutralisiert. Wichtig ist, dass wenigstens einige wesentliche Körperteile (Nasenlöcher, Augen, Vorderpfote) so scharf wie möglich sind.

Allerdings ist es diesem Objektiv nicht möglich, alle Körperteile des Tierchens in diesem Maßstab und in dieser Stellung scharf zu bekommen. Unterschreitet die Blendenöffnung eine Minimalgröße (ca. 1 mm), kommt es nämlich zu unangenehmen Beugungsunschärfen.

T. STRIEWISCH **Der große Humboldt Fotolehrgang** Humboldt Verlag Hannover, 2008
R. GROTHMANN **Schärfentiefe** www.rene-grothmann.de/Fotografie/Schaerfentiefe.html
G. GLAESER **Praxis der digitalen Makro- und Naturfotografie – mit Tipps zur Unterwasserfotografie**
Spektrum Akademischer Verlag, Heidelberg, 2008
G. GLAESER **3D-Images in Photography?** Journal for Geometry and Graphics (JGG), Volume 13 (2009), No. 1, pp.113-120
(http://www1.uni-ak.ac.at/geom/files/3d-images-in-photography.pdf)

Fluide

Unter einem Fluid versteht man eine Substanz, die einer beliebig langsamen Scherung keinen Widerstand entgegensetzt (Gase oder Flüssigkeiten). Was aber, wenn man schnell schert? Insekten wie der schmucke Marienkäfer schlagen hunderte Male pro Sekunde ihre Flügel auf und ab bzw. auch vor und zurück. Dann verhält sich die Luft wie eine Flüssigkeit, auf der man sich abstützen kann. Der 200 Mal so große (und deswegen Millionen Mal schwerere) Storch schafft solch hohe Frequenzen natürlich nicht (die Muskelkraft nimmt nur quadratisch mit dem Größenverhältnis zu, das Gewicht aber mit der dritten Potenz). Er muss also Tricks verwenden, um fliegen zu können: Das ist z. B. ein spezielle Verwirbelung ähnlich wie beim Flugzeug. Auch das Spreizen der Randflügel hilft dabei, wie die Bioniker schon erkannt haben. Deshalb experimentiert man mittlerweile mit Flugzeugen, welche dies imitieren und dadurch bessere Flugeigenschaften haben.

WIKIPEDIA **Fluid** http://de.wikipedia.org/wiki/Fluid

246 Bruchteile einer Millisekunde

In beiden Fotos landen Wassertropfen nach 2,5 m freiem Fall aus einer Dachrinne in einer Schüssel mit eingelegten Blüten. Dabei entstehen zwei ganz unterschiedliche Typen von „Wassermännchen": Der linke Typus ist auch auf S. 12 mehrmals zu erkennen.

Im Bild rechts ist zu sehen, dass auch schlanke Wassersäulen in einer „peitschenschlagartigen Reaktion" hochgedrückt werden. Im Bild rechts fällt so eine Säule allerdings schon wieder in sich zusammen und erinnert an einen (umgekehrten) fallenden Tropfen.

Solche Bilderserien sind durchaus spannend, machen aber – wie die Tropfenfotografie – nur Sinn, wenn man mit extrem kurzen Belichtungszeiten arbeitet (im konkreten Fall 1/8000 Sekunde), weil sonst Bewegungsunschärfe verschwommene Bilder erzeugt: Nach den Ge-

... setzen des freien Falls $s = g/2\, t^2$ fällt eine 2 cm hohe Wassersäule in

$$t = \sqrt{\frac{2s}{g}} = \sqrt{\frac{2 \cdot 0{,}02\,\text{m}}{10\,\text{m/s}^2}} = 0{,}02\,\text{s}$$

... in sich zusammen und nimmt in dieser kurzen Zeit tausenderlei Formen an: In der uns nicht so vertrauten Welt der kleinen Objekte spielen sich Ereignisse viel schneller ab als in der „normalen" Welt (vgl. auch S. 248).

YouTube **Drop of water in slow motion** www.youtube.com/watch?v=CJ-AX1G0SmY

248

Biegsame Strohhalme

Die Saugrüssel der Schmetterlinge sind natürlich auch „irgendwie" Wickelkurven (s. S. 218). Das Ein- und Ausrollen geschieht im Hundertstel-Sekunden-Bereich. Auf dieser Doppelseite sind drei Positionen des Rüssels beim Kleopatra-Falter zu sehen. Beim Ligusterschwärmer (obere Bilder rechte Seite) ist der Rüssel mehr als doppelt so lang wie der Körper, um in die langen Blüten der Nachtkerzen gelangen zu können.

 WIKIPEDIA **Saugrüssel** http://de.wikipedia.org/wiki/Saugrüssel_(Schmetterling)

Aus den verschiedenen Bildern ist zu erkennen, dass der Rüssel etwa am Ende des ersten Drittels geknickt und dann zunächst der Vorderteil eingerollt wird. Das schnelle Einrollen ist eine Folge der Kleinheit (s. S. 246): Das Drehmoment, das nötig ist, um die Drehung durchzuführen, verringert sich dramatisch! Kein Wunder, dass der Elefant seinen Rüssel vergleichsweise nur in „Superzeitlupe" einrollen kann.

13 Baumstrukturen und Fraktale

Die Summe der Querschnitte

Schon Leonardo da Vinci vermutete, dass Bäume bei Verzweigung den Gesamtquerschnitt einigermaßen erhalten (Bild rechts). Diese Regel haben Computergrafiker genauer untersucht und das Gesetz entsprechend verfeinert.

Probieren wir es einmal mit dem auf der rechten Seite abgebildeten afrikanischen Aloe-Baum. Es ist zwar nicht exakt, aber auch nicht ganz daneben, wenn wir uns die Äste lokal mit kreisförmigem Querschnitt denken. Dann funktioniert folgender Gedankengang im konkreten Fall recht gut: Dort, wo die erste Verzweigung beginnt, wählen wir den Mittelpunkt M einer Kugel, die dann die Querschnittskreise der Äste als Kleinkreise enthält. Die Kreise bilden sich als Strecken ab, die abgemessen werden können.

Hat der größte (untere) Kreis einen Durchmesser von 1 Einheit (= 100%), dann haben die drei kleineren Kreise die Radien $0{,}57$ (57%), $0{,}38$ (38%) und $0{,}7$ (70%). Nun wissen wir, dass die Kreisfläche mit dem Quadrat des Durchmessers zunimmt. Tatsächlich ist $0{,}57^2 + 0{,}38^2 + 0{,}7^2 = 0{,}96$ nicht weit vom erwarteten Wert $1^2 = 1$. Bei der kleinsten Kugel macht Leonardos Regel also durchaus Sinn.

Jetzt vergrößern wir den Kugelradius. Die nun circa auf 25 angewachsene Anzahl der Äste würde bei Forderung der Flächengleichheit im Schnitt eine Querschnittsfläche von $1/25$ erfordern, also Wurzel aus $1/25 = 1/5$ (20%) des Maximaldurchmessers. Das ist beim vorliegenden Baum sicher nicht der Fall. Die Querschnittsfläche hat also abgenommen. Dieser Eindruck verstärkt sich für eine dritte Kugel, wo die aufsummierte Querschnittsfläche deutlich kleiner wird.

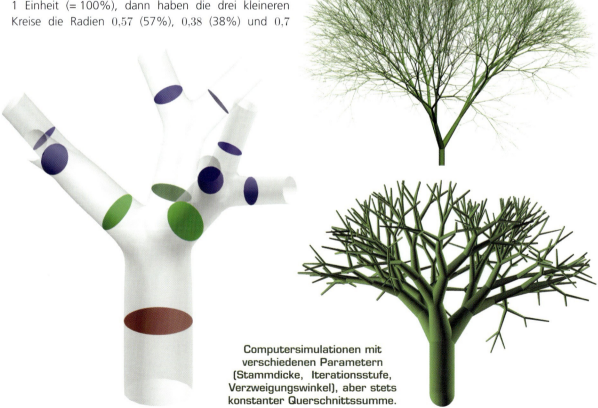

Computersimulationen mit verschiedenen Parametern (Stammdicke, Iterationsstufe, Verzweigungswinkel), aber stets konstanter Querschnittssumme.

Wirrwarr mit System?

Die Natur bringt immer wieder Gebilde zustande, die zunächst gar nichts miteinander zu tun haben. Die Korallenäste bilden ein vermeintliches Wirrwarr, das aber die Funktion hat, flächendeckend das vorbeiströmende Wasser zu filtern. Wozu aber gibt es flächendeckende Linien auf der Oberfläche des „Napoleon"? Nun, dieser Lippfisch ist tagaktiv und versteckt sich nächtens in Korallen. Es könnte sich also durchaus um Tarnung handeln.

WIKIPEDIA **Peano-Kurve** http://de.wikipedia.org/wiki/Peano-Kurve
WIKIPEDIA **Napoleon-Lippfisch** http://de.wikipedia.org/wiki/Napoleon-Lippfisch

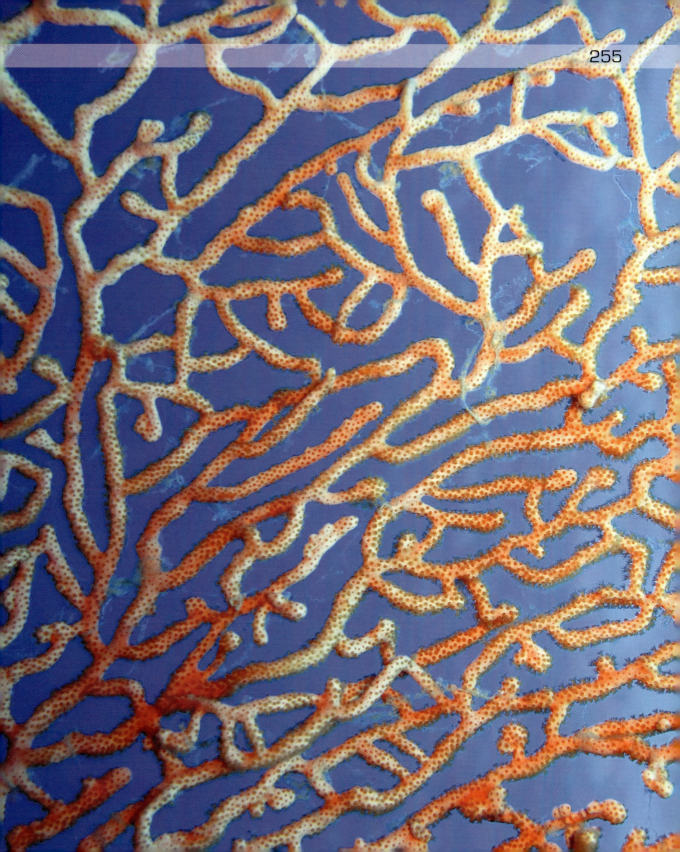

Verästelungen

Pflanzen versuchen, durch Verästelung die Struktur feiner zu machen, damit die Oberfläche zu vergrößern und einen besseren Austausch von Flüssigkeit und Nährstoffen zu gewährleisten (großes Bild: Korkenzieherhasel).

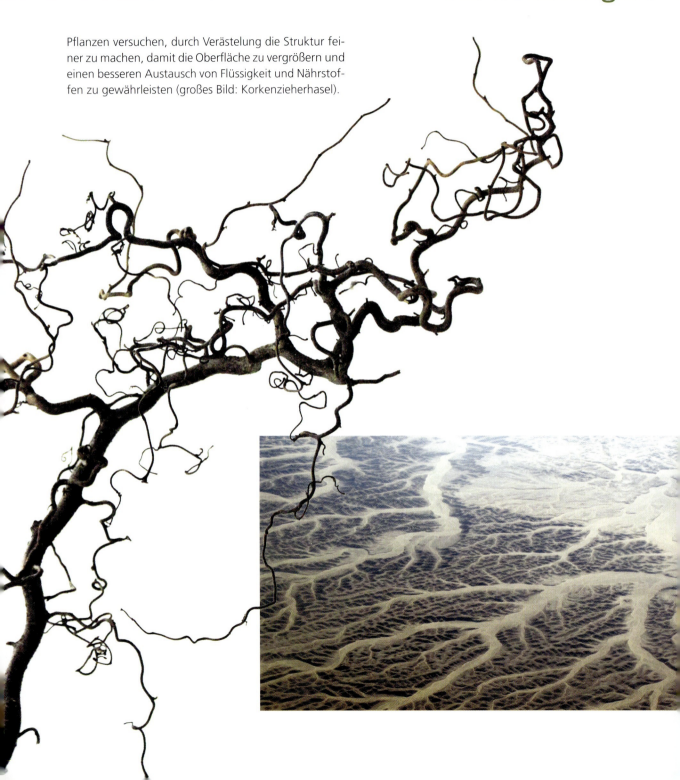

Das Motiv auf dem unteren Fotopaar sieht einem Wurzelwerk täuschend ähnlich, ist aber eine Flugaufnahme der ägyptischen Wüste in der Nähe von Luxor. Die Version auf der rechten Seite ist mit einem Bildverarbeitungsprogramm retuschiert, um „Flussarme" zu suggerieren. Tatsächlich handelt es sich um so genannte Wadis, die nur alle paar Jahre Wasser führen. Dann stürzt das von keinerlei Vegetation aufgehaltene Wasser in einer Lawine aus Wüstenschlamm todbringend und zugleich lebenspendend durch die Täler. Insofern wird hier ein „Wurzelwerk" sichtbar, das nicht durch Verästelung sondern durch Vereinigung kleiner Ästchen entsteht.

Umgekehrt verästelt sich der Fluss im Bild Mitte rechts bei der Einmündung ins Meer zu einem Delta (bei Thessaloniki).

WIKIPEDIA **Sahara** http://de.wikipedia.org/wiki/Sahara

Fraktale Konturen

Fractus (lat.) heißt gebrochen. Der Begriff „Fraktal" wurde 1975 von Benoît Mandelbrot geprägt und bezeichnet natürliche oder künstliche Muster mit typischen Eigenschaften, die man z. B. an Wolken erkennen kann: Zunächst gibt es eine gewisse Unabhängigkeit von der Größe (kleine Wolken sehen großen ähnlich), weiters wiederholen sich Muster innerhalb des Fraktals (Selbstähnlichkeit). Allen Fraktalen gemeinsam ist ein „unscharfer Umriss", der theoretisch unendlich lang ist. Klassisches Beispiel dafür ist die Koch'sche Schneeflockenkurve, die in das Foto dreimal „einmontiert" ist.

Objekte der Natur erfüllen niemals vollständig alle mathematischen Kriterien eines Fraktals, sehen aber dennoch so aus – wie etwa die echte Schneeflocke im kleinen Foto.

D. White **Mandelbulb** http://www.skytopia.com/project/fractal/mandelbulb.html#rendersl
H. Gierhardt **Die Koch'sche Kurve** www.gierhardt.de/informatik/info11/turtle/Kochkurve.html

Fraktale Pyramiden

Dreidimensionale fraktale Gebilde zu bauen ist eine hohe Kunst. Die abgebildete „Sierpinski-Pyramide", realisiert aus Metallkugeln, ist 40 cm hoch, 25 kg schwer und stammt von Christoph Pöppe mit Unterstützung des IWR (Uni Heidelberg) – dahinter steht eine weitere, kleinere Pyramide. Vier aneinandergedrückte Kugeln ergeben einen Tetraeder. Jetzt muss man diesen geschickt erweitern, indem man jede Kugel durch Vierergruppen von Kugeln mit halbem Durchmesser ersetzt. Jede weitere Ausbaustufe steigert somit den Aufwand um den Faktor 4!

Ein Modell ist natürlich hervorragend geeignet, sich den wahrhaft komplizierten Körper gut vorstellen zu können. Im Computermodell ist es sicher von Vorteil, sich spezielle Schatten einzeichnen zu lassen, um zu sehen, wo die Pyramide durchlöchert ist.

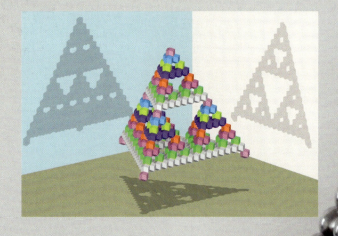

 C. Pöppe **Kartonbausätze für geometrische Körper** www.poeppe-online.de/12.html
C. Pöppe **Fraktale Weihnachtskugeln** www.spektrum.de/sixcms/detail.php?id=1017912&_druckversion=1
Universität Heidelberg **Sierpinski Tetrahedron** http://www.iwr.uni-heidelberg.de/groups/ngg/Sierpinski/
P. Bertok **Computerbild einer Sierpinski-Pyramide**
http://upload.wikimedia.org/wikipedia/commons/b/b4/Sierpinski_pyramid.png

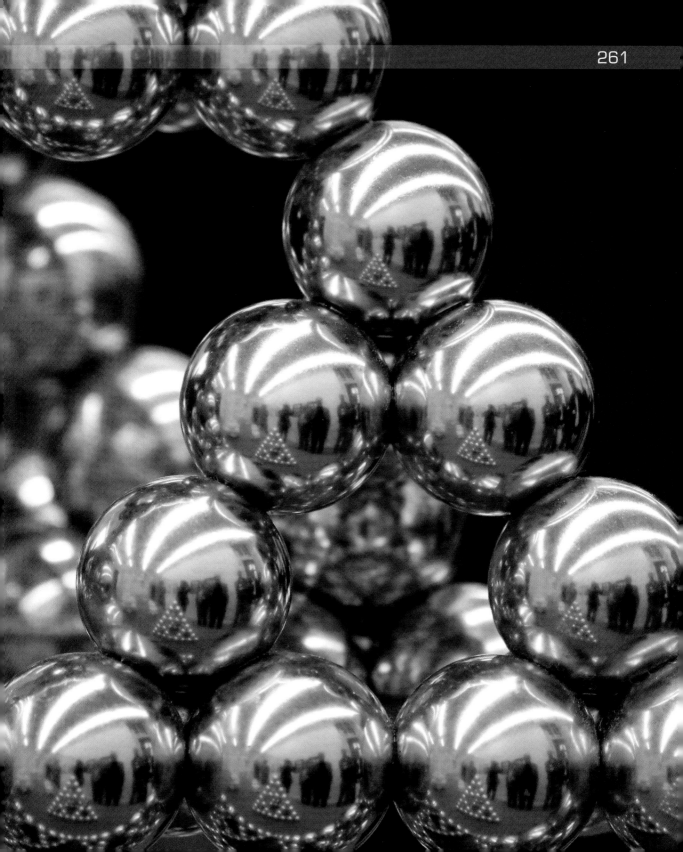

Mathematische Farne

Ein Farn ist ein typisches Beispiel für etwas „Fraktalartiges" in der Natur. Betrachten Sie bitte zunächst den computergenerierten Farn rechts: Jeder Betrachter wird sofort das Wort „Farn" auf den Lippen haben und zustimmen, wenn man diesen als typisches Fraktal bezeichnet, wiederholt sich doch die Grundstruktur immer und immer wieder in den verschiedensten Vergrößerungsstufen.

Betrachten wir die Aufnahme des Farns S. 34. Hier relativiert sich das Wunschdenken vom perfekten Fraktal rasch: In der zweiten Iterationsstufe ist es mit der Selbstähnlichkeit vorbei. Auf der Rückseite des Farnblatts wird in starker Vergrößerung klar, dass die Auffächerung einer möglichst flächendeckenden Verteilung der Sporangien gilt (kleines Bild). Gleichzeitig wird natürlich die Photosynthese optimiert.

Auf der rechten Seite ist ein Gorgonenhaupt zu sehen. Dieser Schlangenstern ist ortsbeweglich, nachtaktiv und sehr lichtempfindlich: Einer der 13 Arme beginnt bereits im Schein der Taucherlampe, sich mitsamt seiner Verästelungen einzurollen. Ein Hauptzweck dieser Auffächerung ist auch offensichtlich: Hier soll flächendeckend Plankton aus dem Wasser gefiltert werden.

Das Computerbild geht auf eine Idee von Michael Barnsley zurück: Man wendet dabei auf einen Punkt immer und immer wieder wahlweise eine von vier (recht genau festgelegten) sog. affinen Transformationen an. Der Punkt wird dabei an immer neue Positionen kommen, die alle zusammen ein Fraktal dieser Art ergeben.

M. F. Barnsley **Fractals Everywhere** Academic Press, 1988
E. W. Weisstein **Barnsleys Fern** http://mathworld.wolfram.com/BarnsleysFern.html

Fraktale Ausbreitung

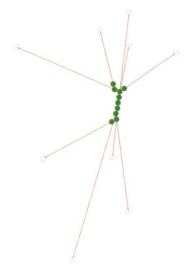
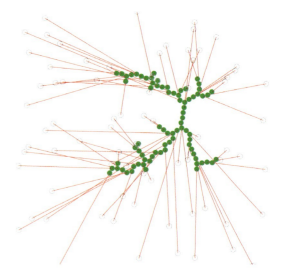

Wir betrachten folgenden Algorithmus: Gegeben sei ein Ausgangskreis. Nun erzeugen wir zufällig einen zweiten Kreis in einem vorgegebenen Rechtecksbereich und schieben diesen solange Richtung Ausgangskreis, bis eine Berührung stattfindet. Jetzt wird ein dritter Kreis willkürlich platziert. Hat er vom ersten Kreis einen kleineren Abstand, schieben wir ihn an diesen, sonst an den zweiten, usw. Bald ergibt sich eine Art zerfledderte Perlenschnur mit vielen Verästelungen.

Der Algorithmus tendiert dazu, die Ebene fraktal zu füllen, auch wenn die Natur wahrscheinlich nicht genau dem vorgeschriebenen Rezept folgt:

Die Aufgabe, Flächen unregelmäßig zu überwuchern, kommt oft genug vor, insbesondere z. B. bei Flechtenbewuchs oder Tarnung. Auf der rechten Seite ist das Auge eines nur schwer auszumachenden Krokodilfisches in Großaufnahme zu sehen.

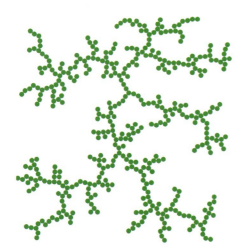
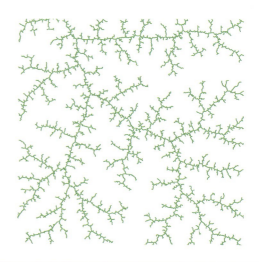

 H. Bohnacker, et al. **Wachstumsstruktur aus Agenten** Verlag Hermann Schmidt Mainz, 2009 (S. 228)
H. Bohnacker, et al. **Generative Gestaltung** www.generative-gestaltung.de

Schichtenlinien

Die Grenzlinie zwischen Nebelschicht und Land ist eine Schichtenlinie des Geländes. Je zerklüfteter die Landschaft, desto „zerfranster" (fraktalartiger) die Grenzlinie. In der Computersimulation unterhalb wird dargestellt, wie sich die Landschaft ändert, wenn der Wasserspiegel steigt oder sinkt. Dieses Szenario ist insbesondere im Zuge der Klimaerwärmung aktuell.

Das Bild rechts oben zeigt eine austrocknende Felsmulde an einem Meeresstrand. Die verschiedenen Salzränder fungieren dabei ebenfalls als Schichtenlinien. Das Bild ähnelt durchaus den Stufen eines Steinbruchs (rechts Mitte). Ganz unten sind die Terrassen von Pamukkale (Türkei) dargestellt: Das stark kalkhaltige Quellwasser sammelt sich in Becken, deren Ränder Schichtenlinien des Geländes sind.

WIKIPEDIA **Pamukkale** http://de.wikipedia.org/wiki/Pamukkale

Vom Oktaeder zur Schneeflocke

Klaus Becker ist Bildhauer mit Hintergrund Architektur und Mathematik. Seine Idee: Eine Steinkugel mit beachtlichen 80 cm Durchmesser nach einem streng vorgegebenen Rezept aus einem Oktaeder auszumeißeln. Dabei entstand die obige Bilderserie (1994).

Der zusätzliche Reiz an der „Oktaederkugel": Die Abwicklung (empirisch durch Abrollung ermittelt) hat etwas Schneeflockenartiges und damit Fraktales an sich. Nun hat Franz Gruber den Algorithmus für den Computer umgesetzt, was neue Einsichten und beliebig genaue Bilder ermöglicht. Gehen wir von einem Oktaeder aus, in dem wir uns eine eingeschriebene Kugel vorstellen (rechte Seite 1. Bild). Das erste Mal meißeln wir quadratische Pyramiden von den Ecken des Oktaeders so ab, dass die Basisflächen die Kugel berühren. Der Restkörper besteht jetzt aus sechs Quadraten und acht halb-regelmäßigen Sechsecken. Von den 12 Kanten des Oktaeders sind (grün eingezeichnete) Reste in der Mitte übriggeblieben. In einem nächsten Schritt (zweites Bild auf rechter Seite) meißeln wir parallel zu den grünen Kanten so weit ab, bis die Kugel wieder berührt wird.

K. Becker **Algorithmen in Stein – Algorithms in stone** Klaus Becker, Hrsg., 1998 (www.klausbecker.org)

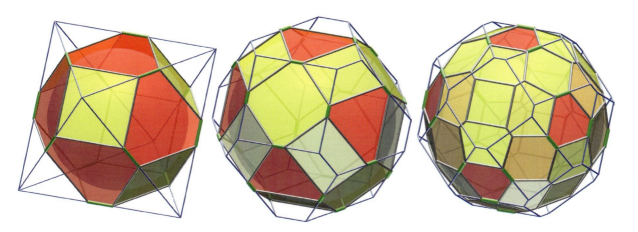

Die Quadrate werden jetzt zu halbregelmäßigen Achtecken, die halbregelmäßigen Sechsecke schrumpfen zusammen und es kommen 12 neue Rechtecke dazu. Die „zusammengestutzen" Polygone haben grüne Kanten gemeinsam.

Wie geht es weiter? Wieder meißeln wir parallel zu den grünen Kanten so lang ab, bis die Kugel berührt wird. Die Achtecke werden jetzt zu Quadraten, die Rechtecke zu halbregelmäßigen Sechsecken, und erstmalig kommen auch relativ unregelmäßige Sechsecke hinzu (sie haben keinen Umkreis mehr). Wieder färben wir die gemeinsamen Kanten der soeben zusammengestutzten Polygone (also das, was vom alten Kantengerüst übriggeblieben ist) grün ein und meißeln parallel zu ihnen ...

Durch den Algorithmus behält man im Überblick, welche Facetten zu welcher „Generation" gehören und kann das Polyeder mit System abwickeln, um das fraktale schneeflockenartige Gebilde im Becker'schen Sinne zu erhalten.

14 Gezielte Bewegungen

Unrunde Zahnräder

Die Kinematik ist das „Paradies der Geometer", soll Wilhelm Blaschke einmal gesagt haben. Bei dem hier abgebildeten Getriebe kann man sich jedenfalls „austoben": Es handelt sich um elliptische Zahnräder, bei denen wir drei Systeme unterscheiden wollen: Das erste Rad (in der Computerzeichnung rot), das zweite, kongruente Rad (grün) und den Stab LA. Je nachdem welches System man nun festhält, nehmen wir die Bewegung unterschiedlich wahr.

Sei zunächst die rote Ellipse fest und damit auch ihre Brennpunkte L und M. Die grüne Ellipse rollt nun (ohne zu gleiten, was durch Zahnflanken erzwungen werden kann) auf der roten. Die zugehörige Ellipsentangente ist eine Symmetrieachse, was bedeutet, dass $LA = MB$ gilt (und bereits nach Definition $LM = AB$). Das Vierstabgetriebe $LMAB$ nennt man daher Antiparallelogramm. Dieses erzeugt dieselbe Bewegung wie der Rollvorgang. Der Mittelpunkt der grünen Ellipse hat eine Bahnkurve, die an das Glied einer Fahrradkette erinnert. Es wurde sozusagen eine Stroboskop-Aufnahme gemacht, die zeigt, wo sich der Mittelpunkt schneller und wo langsamer bewegt. Wir sehen: Der Mechanismus pulsiert regelrecht. Nun lassen wir LA fest (Fotos unten). Beide Ellipsen bewegen sich, wenn auch recht unterschiedlich schnell (im unteren der beiden Bilder wurde absichtlich Bewegungsunschärfe zugelassen, um die hohe Winkelgeschwindigkeit der linken Ellipse zu veranschaulichen). Es wurde nachträglich die Bahn des Mittelpunkts der linken Ellipse „stroboskopartig" eingetragen (eine Achterschleife).

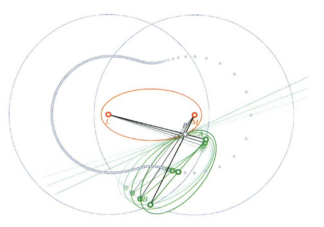

ⓘ L. BURMESTER **Elliptische Räder** www.zeno.org/Lueger-1904/A/Elliptische+Räder+[2]
W. WUNDERLICH **Ebene Kinematik** B. I. Hochschultaschenbücher 447/447a, Mannheim 1970
C. J. SCRIBA, P. SCHREIBER **5000 Jahre Geometrie: Geschichte, Kulturen, Menschen** Springer Verlag Berlin-Heidelberg, New York, 3. Auflage, 2009

Die Bewegung mit festem Stab LA wurde von Bopp & Reuther / Mannheim auf geniale Weise umgesetzt: Zwei Zahnräder in Form von verzahnten kongruenten elliptischen Zylindern sinken aufgrund der Schwerkraft langsam in einem mit Öl gefüllten Glaszylinder zu Boden und wälzen aufeinander – man könnte also von einer „elliptischen Sanduhr" sprechen (auf dem Modell steht „Ovalradzähler").

Einziger (behebbarer) Schönheitsfehler am Modell: Der Glaszylinder würde noch ein oder zwei Fingerhüte voll Öl brauchen, damit man die lästigen Luftbläschen wegbekommt. Für den Fotografen ist dies hingegen ein zusätzlicher Reiz (siehe Bilder oben). Bemerkenswert ist, dass durch die Lichtbrechung die Zylinder seltsam verzerrt aussehen.

Christian Perrelli und Georg Hierzinger haben die beiden Modelle auf ihre Weise künstlerisch verarbeitet und eine Installation in einem Wiener Großkaufhaus geschaffen (Bilder unten).

Die Übersetzung ist entscheidend

Betrachten wir einmal einen Abschnitt aus dem Inneren eines elektrischen Schraubendrehers. Eine unscheinbare 3,6-Volt-Batterie (Bild links, oben) liefert Strom, der einen kleinen Elektromotor mit ca. 3500 Umdrehungen pro Minute antreibt (Bild links, Mitte). Die Welle des Motors treibt ein kleines Zahnrad mit nur sechs Zähnen an (siehe größeres Foto). Dieses „Sonnenrad" treibt drei gleichseitig angeordnete „Planetenräder" an, deren Zähnezahl 19 nicht wesentlich ist, sondern „sich ergibt". Die Planetenräder sind so dimensioniert, dass sie mit einem fixen Außenrad mit 48 Zähnen im Eingriff sind. Dadurch bewegen sich die Mittelpunkte der Planetenräder mit einem Achtel (6 : 48) der Winkelgeschwindigkeit der Antriebswelle.

Die Mittelpunkte der Planetenräder bilden ein starres gleichseitiges Dreieck. Auf dessen Rückseite ist in einer zweiten Stufe ein weiteres 6-zähniges Sonnenrad an-

WIKIPEDIA **Planetengetriebe** http://de.wikipedia.org/wiki/Planetengetriebe
M. JANSSEN **Planetengetriebe mit Lego Technic** www.mijan.de/lego/planeten.htm
WIKIPEDIA **Nabenschaltung** http://de.wikipedia.org/wiki/Nabenschaltung
ROHLOFF **Video Animation** www.rohloff.de/de/download/video/mix/striptease/index.html

gebracht. Dieses treibt neuerlich drei Planetenräder an (Übersetzung ebenfalls 6 : 48). Das Verbindungsdreieck der Planetenräder der zweiten Schicht ist schließlich mit der Achse des Schraubendrehers verbunden.

$8 \cdot 8 = 64$ Umdrehungen des Elektromotors bewirken also eine Umdrehung der Schraube (etwa $3500 / 64 = 55$ Umdrehungen pro Minute). Dementsprechend groß ist das Drehmoment M, denn für die konstante Leistung P des Motors gilt: $P = M \cdot w$ (w ist die Winkelgeschwindigkeit). Planetengetriebe haben sehr viele Anwendungen in der Technik, etwa im Getriebebau, bei Seilwinden und bei der Nabenschaltung beim Fahrrad. Dabei kommt eine Variante zum Tragen, die besondere Erwähnung verdient: Fixiert man die Achsen der Planetenräder und macht das Außenrad drehbar (Modellfoto Deutsches Museum München), so dreht sich dieses entsprechend langsamer als die Antriebswelle.

Robust und effizient

Unter einem Vierstabgetriebe versteht man ein System aus drehbar aneinander gehängten Stäben vorgegebener Länge. Die Gelenkpunkte sollen L, A, B, M heißen. Im Normalfall werden z. B. die Punkte L und M fest montiert (was den Stab LM erübrigt). Dann dreht sich LA um L und MB um M (die Kurbeln oder Schwingen). Der restliche Stab AB bewegt sich nun durchaus nicht-trivial. Jeder Punkt C, der mit dieser „Koppel" fest verbunden ist, beschreibt eine Koppelkurve. Die Artenvielfalt der Koppelkurven ist nahezu unerschöpflich, sodass man viele Dinge damit machen kann.

Betrachten wir z. B. den Ladekran rechts (auf der rechten Seite ist zusätzlich ein Modell zu sehen). Die Stäbe sind so dimensioniert, dass die Koppelkurve von C einen langen fast geradlinigen Anteil hat, der für das Verlagern von Lasten verwendet werden kann. Um das Getriebe so einzuschränken, dass auch wirklich nur der (fast) gerade Anteil genutzt wird, haben sich findige Ingenieure einen (in der Computersimulation auf der rechten Seite rot eingezeichneten) zusätzlichen Kurbelantrieb (um den fixen Punkt N) einfallen lassen und damit auch die Frage eines effizienten Antriebs geklärt.

Ganz Analoges ist beim oben rechts abgebildeten Koppelgetriebe passiert, wo der fast geradlinige Anteil einer ganz anders aussehenden Koppelkurve ausgenutzt wird (der Mechanismus wird bei Ölförderpumpen verwendet). Die Fotoserie unten zeigt eine alternative Ausführung einer solchen Pumpe. Der große Vorteil: Die Mechanismen können sehr robust ausgeführt werden und „halten ewig".

 W. Wunderlich **Ebene Kinematik** B. I. Hochschultaschenbücher 447/447a, Mannheim, 1970
H. Lazar **Analyse ebener Getriebe** www.geometrie.tuwien.ac.at/theses/lazar

Lissajous-Figuren

Betrachten wir Kurven mit der Parameterdarstellung:

$$x = a\sin(t+\alpha),\ y = b\sin(nt+\beta)$$

Unter ihnen befinden sich für $n=1$ Ellipsen, für $n=2$ bzw. $n=1/2$ Achterschleifen, für $n=3$ bzw. $n=1/3$ (und $\alpha=\beta=0$) kubische Parabeln usw.

Die Kurven kann man sich als Normalprojektionen von Raumkurven denken, die durch Aufwicklung von Sinuskurven auf einen Drehzylinder entstehen. Im Fall $n=1$ ist die Raumkurve der ebene Schnitt des Drehzylinders (also eine Ellipse).

Eine Drehung des Trägerzylinders bewirkt eine Phasenverschiebung. Jeder Elektrotechniker hat solche Kurven schon am Oszilloskop gesehen, wenn bei abgeschalteter Zeitablenkung sowohl an den Eingang für die y- als auch für die x-Ablenkung eine harmonische Wechselspannung anlegt wird.

Eine kontinuierliche Phasenverschiebung sieht am Oszilloskop tatsächlich so aus, als ob ein Drehzylinder, auf dem eine Sinuslinie aufgewickelt ist, rotiert. In Spezialfällen sind die Kurven aus Symmetriegründen doppelt überdeckt und enden scheinbar abrupt, weil sich die Fortschreitrichtung umdreht. Räumlich gesehen handelt es sich um sogenannte Henkelpunkte.

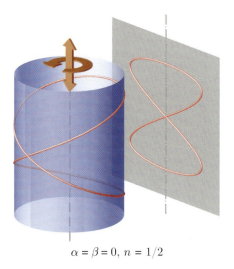

$\alpha=\beta=0,\ n=1/2$

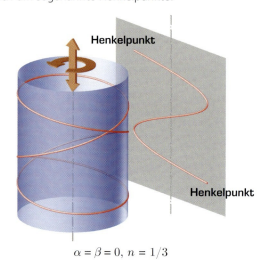

$\alpha=\beta=0,\ n=1/3$

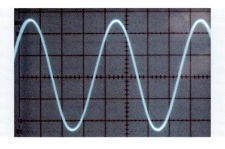

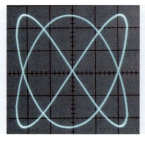

$\alpha=\beta=0,\ n=3/2$

$\alpha=0,\quad \beta=3\pi/4,\quad n=3/2$

WIKIPEDIA **Lissajous-Figur** http://de.wikipedia.org/wiki/Lissajous-Figur
UNIVERSITÄT HAMBURG **Lissajous-Figur** http://www.physnet.uni-hamburg.de/ex/html/versuche/akustik/A03_12/index.html

Die Kurven kann man auch mechanisch erzeugen: Denken wir uns ein Gewicht an einem Seil angehängt (Aufhängepunkte P, Q, Bild rechts). Der Höhenunterschied zwischen tiefstem Seilpunkt und PQ sei a. Das Gewicht selbst hänge allerdings im Knickpunkt R noch an einem zusätzlichen Seil der Länge b. Lässt man nun die Last sowohl am ersten Seil schaukeln (Drehachse PQ) als auch um die Lotrechte durch den Knickpunkt R rotieren, simuliert man die Überlagerung zweier harmonischer Schwingungen.

Im konkreten Versuch wurde zur Aufzeichnung der Bahn ein Laserstift in überlagerte Schwingung gebracht. Das Ergebnis ist unterhalb rot „eingeblendet".

Allerdings muss hier zwischen einem physikalischen und einem mathematischen Pendel unterschieden werden (man müsste den Schwerpunkt des Laserstifts als Lichtquelle verwenden).

Verwendet man anstelle des Stifts einen rieselnden Sandsack, kann man z. B. die kubische Kurve, welche sich für

$$\alpha = 0, \quad \beta = 3\pi/4, \ n = 3/2$$

einstellt, in Form eines Sandgebildes materialisieren.

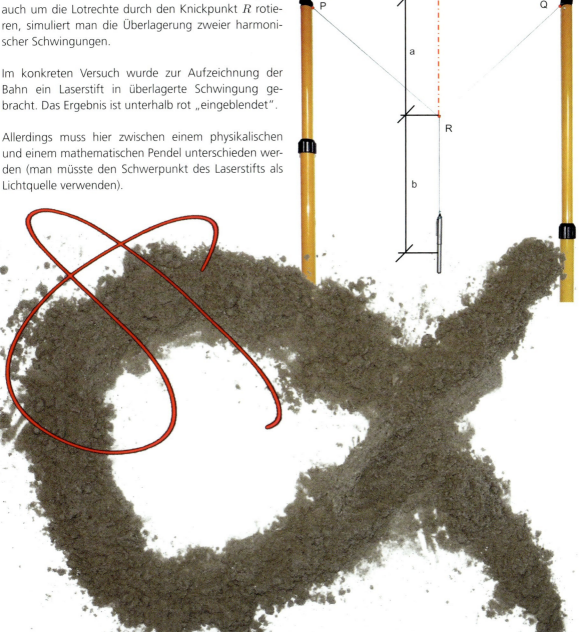

Leichtfüßigkeit und Reaktionszeit

Je kleiner Tiere sind, desto schneller können sie ihre Gliedmaßen bewegen (nach der Formel $s = a/2\; t^2$ ist bei kleinem s die Zeit kürzer). Auch die Reaktionszeiten sind viel kürzer als bei Großtieren, denn die Nervensignale haben entsprechend kürzere Bahnen zum Gehirn.

Das Äffchen oben fliegt geradezu über das Seil mit etwa 3 m pro Sekunde. Beim flüchtenden Gecko im kleinen Bild sieht man schön, wie das Tier die Beinchen auf bestimmte Art abrollen muss, um überhaupt von der Oberfläche wegzukommen: abertausende Härchen kleben förmlich mittels Adhäsion an der Wand. Dennoch rast das Reptil mit 1 m/s über die Wand, was umgerechnet auf unsere Körpergröße etwa 15 m/s (über 50 km/h) entspricht.

 M. Paetsch **Gecko-Füße kleben millionenfach** www.spiegel.de/wissenschaft/natur/0,1518,211289,00.html
Wikipedia **Nervenleitgeschwindigkeit** http://de.wikipedia.org/wiki/Nervenleitgeschwindigkeit

Flamingo-Start in der Camargue: Es kann durchaus sein, dass der relativ plumpe Anlauf der Beginn eines eleganten Gleitflugs über Hunderte von Kilometern ist. Große Vögel kommen schwer in die Luft, aber wenn sie einmal oben sind, sind sie im Vorteil.

Analog brauchen große Flugzeuge eine viel höhere Startgeschwindigkeit als kleine, können dann aber effizienter und schneller fliegen, weil mit zunehmender Größe die Querschnittsfläche und damit der Luftwiderstand im Verhältnis kleiner ist.

Die Wurfparabel

Auf den Schwerpunkt kommt es an: Einmal vom Erdboden abgesprungen, bewegen wir uns, so lehrt es die Physik, längs einer Flugparabel, die nicht mehr zu beeinflussen ist. Wir können meinetwegen einen Salto schlagen oder mit den Armen fuchteln – unser gerade aktueller Schwerpunkt wird „wie auf Schiene" auf der Parabel bleiben.

283

ⓘ WIKIPEDIA **Wurfparabel** http://de.wikipedia.org/wiki/Wurfparabel

Mit Keule und Kavitation

Der Fangschreckenkrebs Odontodactylus scyllarus (englisch nicht unbegründet *Peacock mantis shrimp*) ist in mehrfacher Hinsicht bemerkenswert. Vom imposant schillernden Erscheinungsbild abgesehen (ein Warnsignal) ist er vor allem wegen seiner Schlagwaffen bekannt (im unteren Bild weiß eingekreist). Die mächtigen Muskeln der Raubbeine werden ähnlich wie eine Feder gespannt. Wird die Arretierung am Außenskelett gelöst, schnellt der untere Teil des Beins nach vorne. Dies geschieht in durchschnittlich $t = 3$ Millisekunden. Wenn $s = 3$ cm der zurückgelegte Weg ist, haben wir nach der Formel $s = a/2 \; t^2$ eine Beschleunigung von $a > 600$ g! Die Endgeschwindigkeit beträgt mit $v = at$ über 20 m/s. Durch die extreme Geschwindigkeitsveränderung entstehen Gasbläschen, die aber sofort verdampfen („Kavitation" oder „Hohlsog" genannt). Dieser Gasdruck betäubt die Beute (Schalentiere) bereits bevor der Schlag ankommt.

Die getrennt beweglichen Teleskopaugen der Tiere sind ebenso erstaunlich: Mithilfe von 10,000 Omatidien pro Auge und 10 verschiedenen Sehpigmenten kann der Krebs hervorragend sehen. Auffällig sind die Längsstreifen in der Mitte, die trifokales Erfassen der Umgebung ermöglichen.

V. Mrasek **Terror-Shrimp mit Knochenkeulen** http://www.spiegel.de/wissenschaft/natur/0,1518,296404,00.html
Wikipedia **Kavitation** http://de.wikipedia.org/wiki/Kavitation
T. Grohrock **Fangschreckenkrebse** www.fangschreckenkrebse.de/wissenswertes/index.html
T. Grohrock **Fangschreckenkrebse** www.mpro-ject.de/fangi/fangschreckenkrebse.html
Wikimedia **Odontodactylus Scyllarus** http://upload.wikimedia.org/wikipedia/commons/b/b2/OdontodactylusScyllarus.jpg
S. N. Patek, W. L. Korff, R. L. Caldwell **Biomechanics: deadly strike mechanism of a mantis shrimp** Nature (2004 Apr 22) ; 428(6985) : 819-20

Flugakrobatik

Vögel haben das Fliegen in der Gewichtsklasse Kolibri (2g) bis Höckerschwan (17kg) perfektioniert. Manche können besonders schnell fliegen (Falken), andere in der Luft stehen, wie die Dominikanerwitwe auf dieser Doppelseite. Die langen Schwanzfedern werden geschickt zur Erhöhung des Luftwiderstands eingesetzt.

Mit gekonnten Bewegungen bleibt der Vogel nahezu an derselben Stelle in der Luft. Die Flügelschlagfrequenz ist mit 10 Schlägen pro Sekunde vergleichsweise klein. Da bleibt dem Vogel durchaus „Muße", einen Mückenschwarm abzuräumen oder – wie in den Fotos – dem Weibchen zu imponieren.

ⓘ OISEAUX.NET **Pin-tailed Whydah** www.oiseaux.net/birds/pin-tailed.whydah.html

Bildnachweis

Das Buch enthält etwa 500 Fotos bzw. Illustrationen. Der Großteil der Fotos und ein Teil der Computergrafiken stammen von **Georg Glaeser**. Alle sonstigen Beiträge sind auf dieser Seite angeführt.

Franz Gruber
erstellte einen erheblichen Teil der Computergrafiken:

S. 4 rechts oben
S. 5 links unten
S. 10 rechts unten
S. 19 rechts
S. 21 rechts oben
S. 22 oben
S. 23 oben
S. 24
S. 25
S. 28
S. 33 rechts oben
S. 55
S. 105
S. 134 unten
S. 135
S. 138
S. 140
S. 159
S. 162 rechts oben
S. 166 rechts oben
S. 169
S. 172
S. 210 links
S. 211
S. 214
S. 216
S. 220
S. 252
S. 262
S. 264
S. 265 oben
S. 269
S. 276 oben
S. 277 unten

Rudolf Waltl
erstellte folgende Fotos:

S. 82 rechts
S. 139
S. 194
S. 196
S. 204 unten
S. 274
S. 278 unten
S. 279

Hans-Peter Schröcker
erstellte die Computergrafik auf S. 56.

Udo Beyer
erstellte die Computergrafik auf S. 104 und die Fotos auf S. 104 und 105.

Klaus Becker
erstellte die Fotos auf S. 268 (Rechte: VG-Bildkunst).

Heinz Adamek
erstellte das Foto rechts unten auf S. 63.

Christian Perrelli und **Georg Hierzinger**
erstellten drei Fotos auf S. 273 unten.

Harald Andreas Korvas
erstellte die handgezeichnete Illustration auf S. 46.

Sophie Zahalka
erstellte die Illustration auf S. 198.

Peter Calvache
war verantwortlich für das Layout, die grafische Bearbeitung sowie die technische Umsetzung des Buches.